# 观赏鸟的
# 生活用品制作手册

[日]武田毅 著　杨晓琳 译

华中科技大学出版社
http://www.hustp.com
中国·武汉

# 前言

家养小鸟*作为宠物是无法选择主人的。

这种事情虽说理所当然，但如果不特意提醒，各位养鸟的朋友，大家平常会留心这一点吗？

对于鸟儿来说，什么环境才是舒适优良的呢？我们应该站在小鸟的角度考虑。作为和我们人类一起生活的小伙伴，这些宠物鸟和野生的鸟类不同。它们并非生活在野外，而是要和人类一起生活。所以我认为我们作为饲养者，必须要对它们的生活环境多加留心。

笔者家中养了两只虎皮鹦鹉。一只是叫"皮皮"的黄化虎皮鹦鹉（黄化种，生于2011年）。它是我家附近的家居中心卖剩下的一只小鸟。自孩提时代养过文鸟以来，时隔数十年，我迎来了

新的小伙伴。于是我开始阅读最新的饲养书籍，尝试按照书中的方法去饲养它，不过却始终和它的要求背道而驰。

小家伙的飞行能力很强。将它接到家中后，过了几周时间，我便将它从小鸟笼换到了大笼子里。那个时候我便开始尝试手工制作各种物件。我用均价100日元（1日元≈0.065元人民币）的酒瓶分隔架做过一个三层楼样式的小型"游乐场"，把皮皮放在里面玩耍。它几乎每天都会待在里面，在我写这本书的时候也是如此。我把这个小型游乐场放在电脑旁边，看它在里面玩得开心，我也觉得轻松畅快。它用行动告诉我："就算我只是只小鸟，但我也知道，那个游乐场是属于我的。"

皮皮是我手工创造生活的核心，也是出于这个原因，我将自己的艺名定为"皮皮工作室"。在手工创造生活中，

---

*本书中提到的宠物鸟均为日本法律规定允许私人饲养的品种。在中国饲养宠物须严格遵守中国法律。

"和爱鸟共度轻松一刻"是我的目标。

我家的另一只鸟是叫作"年糕"的隐性派特鹦鹉（生于2007年）。我从非营利组织TSUBASA那里将它接到家中饲养。当时它正处于发情期，令养鸟机构的人员都大为头疼，不过来到我家后它便停止产卵，也安稳了许多。可是因为年龄偏大，它不仅怕冷，爪子几乎使不上劲，所以在它的生活环境方面，我必须得好好下一番功夫才行。为了改善它的生活环境，我曾一路试错。本书的后半部分，尤其是保温方法等内容，便是根据我在不断试错的过程中总结出来的教训和经验编写而成的。

生物的身体状况不能仅通过数字来确认，还需要具体结合不同个体的独特个性，进行悉心养育或调整。虽然大家的饲养条件不一定相同，但如果您家中的爱鸟和"年糕"一样爪子力量不足，或者需要稳定的温暖环境，但愿本书能为您提供一些灵感，以便为爱鸟创造更好的居住条件，和它一起共度美好时光。

当然，如果您还能结合鸟儿的性格、身体状况、鸟儿和您的关系以及居住环境等具体情况，享受手工创作的乐趣，我想，我们也算是"千里遇知音"了。祝愿拥有本书的饲主朋友都能和爱鸟过上平安快乐的生活。只要能帮上各位的忙，便是笔者的荣幸。

武田毅

# CONTENTS

# 目 录

## DIY初级篇 ……024

# DIY中级篇 ······ 050

# DIY高级篇 ······ 074

# CONTENTS

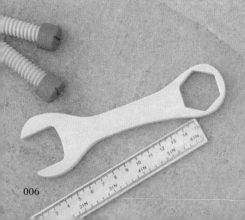

# 何为DIY？

DIY是英文"Do It Yourself"的缩写，意为"自己动手做"，专指业余人士靠自己动手来制作、改造或修缮物件等行为。我觉得人们亲自去实践DIY的契机有很多，比如有人是因为"想要制作符合自己想法的物件"，有人则是"为了节省费用想要自我挑战一下"。总之，原因多种多样。

本书将为大家介绍鸟类朋友专用物件的制作方法。需要注意的是，鸟儿不像我们人类，它们不知道什么是"注意事项"，也不会"谨慎使用"。因此，我们必须要考虑到用材的安全性和品质，要制作出让自己满意的物件。有的时候花费的资金甚至比直接购买市售成品还要多。此外，想要制作出更结实、大型的物件的话，与之相匹配的高性能工具是必不可少的。

不过话又说回来，饲主为爱鸟制作的物件是全世界独一无二的，对爱鸟来说也是很特别的宝物吧。"要是有这个东西就好了""市面上没有卖符合我家小鸟尺寸的东西"，如果您有这样的想法，那请您一定要试试DIY，相信肯定会有所收获。

## 活用家居中心

本书中使用的用材和工具，除了天然木材，其他均由家居中心购入。

一提起"家居中心"，人们大多觉得它是可以便宜购买日用品的店铺，但在本书中，家居中心专指"可以购买材料和工具的店铺"。

店里其实还会卖各种各样的零部件，尤其是规模比较大的店铺，里面卖的东西齐全到甚至可以用它们来建一户独院住宅。其实有些专业手艺人也会偶尔去家居中心购入一些材料或者专业工具等小物件。尤其是店名上明确标有"PRO"（专业）的地方，备货品种会更加丰富。

家居中心分成不同的种类。店铺种类不同，备货品种也各不相同。比如，有的店铺是工具类的产品尤为齐全，加工木材的品质绝佳；有的店铺是时尚出彩的材料尤为丰富；还有的店铺是树脂材料的备货品种又多又全。每家店铺都有自己的风格和个性，如果可以的话，最好按需求区分使用。

另外，在DIY过程中，哪怕是一个只值几日元的零件，对我们来说也是"非它不可"。对于这种心情，家居中心的店员也都非常理解。哪怕只是一个小零件，店员们也都会耐心准确地帮忙寻找，所以如果在购买用材期间有任何困惑或不懂的地方，请大胆向店员们询问即可。

在有些规模比较大的店铺中还会为顾客配备"工作室"，不仅场地宽敞，还可以租借各种工具。客人们可以租借这些作业场所，打造专属自己的手工作品。店铺不同，使用规章等具体内容也都各有差异，不过相比自己在家"闭门造车"，在这里上手实践会更安全，也更高效。感兴趣的朋友，请一定要去尝试一下。

# 工具简介

首先给大家介绍的是新手需要备齐的基本工具。
这些都是在制作本书提到的各种物件时，实际
使用的工具。

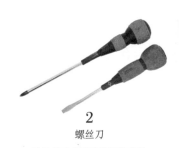

### 2
### 螺丝刀

这是用来加固拧紧螺丝等的
道具。前端分成 "+" "-"
两种形状。前端十字形的大
小不同，十字螺丝刀的种类
也各不相同。

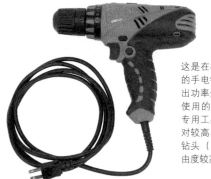

### 1
### 手电钻

这是在材料上打眼时使用
的手电钻，根据用途和输
出功率分为很多种。笔者
使用的手电钻虽然是DIY
专用工具，但输出功率相
对较高，我一般比较爱用
钻头（前端工具）选择自
由度较高的夹头式手电钻。

### 3
### 内六角扳手

内六角扳手在本书中的主要用途
是紧固内外牙螺母。内六角扳手
的具体大小要根据使用的内外牙
螺母的种类来决定。如果能配齐
一套，使用起来会非常便利。

### 4
### 刀锯

根据锯刃的形状，过去的刀锯分为纵顺锯
（沿着木纹方向切割）和横截锯（与木纹
方向垂直切割）两种。

在DIY过程中，万能刀锯已经
变成了现在的主流用具，
同时可更换锯刃的种
类也比较多。

### 5
### 钳子

这是用来切断金属丝等的工
具。虽然百元店的工具区中
也卖钳子，但如果要切断的
对象是不锈钢丝，则需要相
应材料制成的强力钳子。

### 6
### 切刀 （小型刀锯）

切刀其实就是小型刀锯，不过是普通
刀具的形状。它的用武之地一般在于
切割一次性筷子、轻木或树脂材料。

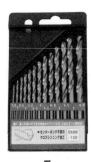

**8**
**木工用钻头**

这是用来在木材上打眼的钻头。可以整齐漂亮地钻出大孔洞。

**10**
**镗孔钻头**

这是在木材上打大孔时使用的前端工具。因为钻刀部位的面积较大，所以在使用镗孔钻头时，建议使用输出功率较高的手电钻。

**7**
**钻头（套装）**

这是DIY时必不可少的标准尺寸钻头套装。笔者使用的是夹头式的圆形钻头，但如果你的手电钻是六角形钻孔，则需安装相应的六角钻头。

**9**
**树脂用钻头**

这是用来在树脂材料上打眼的钻头，前端形状根据钻头不同而有所差异。此款钻头在打眼时，不会将材料钻裂。

**14**
**活动扳手**

这是用于紧固螺栓或螺母的工具。因为可改变前端张口尺寸，所以可作用于不同尺寸的螺栓或螺母。

**11**
**锉刀**

这是用来削刮木材的工具。根据刀刃粗细、横截面形状不同，锉刀分为很多种。照片中的这把锉刀一面为平面，一面为半圆形，不仅可以削平木材，还可以削刮孔洞内部。

**12**
**砂纸**

砂纸为纸张形状，根据颗粒粗细不同，砂纸种类也各不相同。一般用来打磨木材的横截面或磨掉端部多余的刺屑。

**13**
**毛刷辊**

这是安装在手电钻上的金属制刷子，负责镗孔钻头打眼后的清理工作。

**15**
**尖嘴钳**

这是前端为尖细状的钳子，用于折弯金属丝。

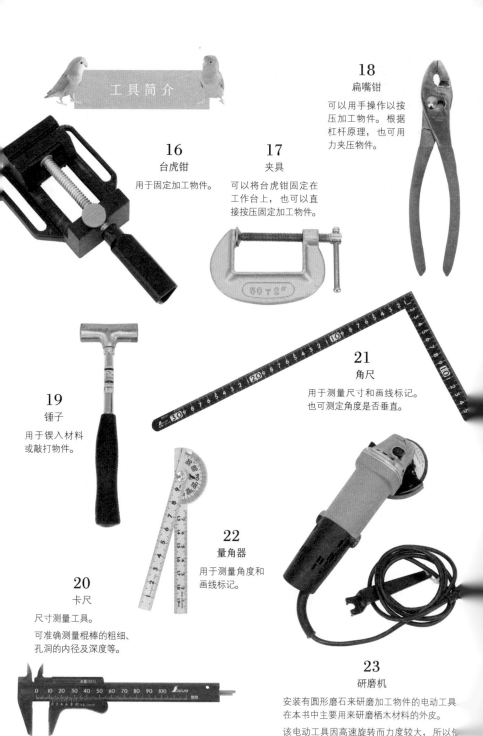

## 工具简介

**18**
**扁嘴钳**
可以用手操作以按压加工物件。根据杠杆原理，也可用力夹压物件。

**16**
**台虎钳**
用于固定加工物件。

**17**
**夹具**
可以将台虎钳固定在工作台上，也可以直接按压固定加工物件。

**19**
**锤子**
用于锲入材料或敲打物件。

**21**
**角尺**
用于测量尺寸和画线标记。也可测定角度是否垂直。

**22**
**量角器**
用于测量角度和画线标记。

**20**
**卡尺**
尺寸测量工具。
可准确测量棍棒的粗细、孔洞的内径及深度等。

**23**
**研磨机**
安装有圆形磨石来研磨加工物件的电动工具，在本书中主要用来研磨栖木材料的外皮。
该电动工具因高速旋转而力度较大，所以使用时请务必注意安全。

# 零件简介

这些都是用来固定木材的零件。根据不同用途灵活使用，可以提高作品的完成度，使强度也更加适中。

## 1
### 细长螺钉
### （防止木材断裂的螺钉）

该种螺钉适用于较为柔软的木材，可以有效防止木材断裂。相比木螺钉而言，一般细长螺钉的螺轴较细，螺纹多为粗牙。虽然可以防止木材断裂，但在紧固强度方面，要弱于木螺钉。

## 2
### 木螺钉

用于紧固木材，属于最常见的一类螺钉。

## 3
### 六角头螺栓

螺钉头部为六角形，需要用六角扳手来加以紧固。

## 4
### 紧固螺栓

只有螺钉牙部分的螺栓。在本书中该零件主要作为栖木的固定螺栓使用。

## 5
### 自攻螺钉

该螺钉的形状不同于木螺钉，其钉头直径较大，适合连接紧固较为轻薄的材料，拧紧后可牢牢固定住物件。

## 6
### 螺母

这是市面上最常见的螺母，需要用活动扳手等加以紧固使用。

## 7
### 蝶形螺母

此类螺母徒手便可轻松拧紧。

## 8
### 白色树脂滚花螺钉

上手操作简单、便利，徒手便可轻松拧紧。配合内外牙螺母使用，可完成多种作业。

## 9
### 挂架螺栓

该螺栓一半为木螺钉形状，另一半为公制螺纹。一般会将其木螺钉形状的部分插入材料中使用。

## 10
### 螺丝圈（又名"羊眼圈"）和螺丝钩

用于垂悬、吊挂物件的金属零件。

## 11
### 大垫圈

这是尺寸较大的垫圈，在本书中主要用来在鸟笼上固定栖木等。

## 12
### 内外牙螺母

该螺母内侧为大木螺钉形状，带有公制螺纹。需要用规定尺寸的内六角扳手来安装或取下。

# 工 具 的 使 用 方 法

正确地使用工具可以让手工制作事半功倍。反之，如果工具的使用方法错误，还可能会导致受伤。

本页内容仅供参考，请大家一定要在认真阅读商品附带的使用说明书后安全使用。

### 用手电钻打眼

将钻头的刃尖垂直抵住材料。如果材料较厚，可以一边用左手压扶住手电钻顶端，一边用右手打开手电钻的开关进行操作。

### 手电钻钻头的安装方法

以前端部分的正面为标准，按住夹头底部后逆时针旋转，这时夹头的三个抓手会伸展开来，将钻头牢牢插入槽内，并按顺时针方向拧紧便可固定。更换钻头时，请务必要在拔下电线后进行操作。

### 使用角尺画线

人们一般将画记号线的过程称为"画线"。在画线过程中，要注意铅笔和角尺之间不要留有缝隙。同时，顺着角尺画完后，要再倒着描一遍线。

此外，将角尺内侧对准贴合材料的边端部位，还可以简单画出垂直线。

### 用角尺确认垂直

将角尺较短的部分平置于地面，再将需要确认是否垂直的支柱等物件贴合于较长部分。若地面和角尺之间没有缝隙，支柱也和角尺无缝贴合，则表明两个物件互相垂直。

### 台虎钳的使用方法和固定方法

台虎钳是用来按压木材等材料的工具。一般会使用夹具将其牢牢固定在工作台上，再加以利用。如果固定不牢，台虎钳在作业过程中脱落，会导致横截面变得歪曲不平，以失败告终。

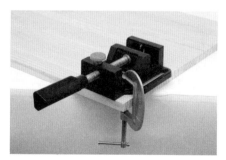

### 夹具和夹板的使用方法

在将材料直接固定在工作台上的情况下，如果直接附上夹具压住材料，最后肯定会在加工材料上留有印记。我们可以将边角料等板材夹在夹具和材料中间，这样便可有效防止印记残留。

# 人 与 鸟 的 安 全 生 活 模 式

对于买到本书后，想要挑战DIY的朋友们，有件事我想提前跟大家说明一下。请大家记住，不管做什么，一定要将安全放在首位。

这其中包括原材料的安全、作业过程的安全和成品的安全。在手工制作中安全才是最重要的事情。

## 人的安全

首先要注意，自己不要受伤。本想为了爱鸟制作一个栖木或玩具，结果不小心自己受伤了，就有些得不偿失了。如果要做的物件很可能会导致受伤，那我建议最好还是不要轻易动手。尤其在使用威力是人类力量数十倍以上的电动工具时更是如此。手持工具时，一定要集中注意力专心作业，保证"安全第一"。

## 工作服

手工作业经常会使用刀具或旋转速度很快的工具，为了保证安全，我们应穿上合适的工作服进行作业。

- 作业前请卸掉美甲，摘掉戒指。
- 如果您是长发，请务必将头发盘起来。不要穿肥大的衣服。
- 尽量避免皮肤外露。
- 当工具掉落或踩到掉落物品时，为了保护腿脚，请换上在室内穿也不担心打滑的拖鞋或室内专用鞋子。
- 佩戴护目镜。

关于用来保护手指的军用手套或工作手套，请根据不同情况来决定是否戴上。如果使用的是手电钻等旋转式刃具器物，为了避免手指被卷入旋转刀刃下，我们不能戴工作手套。相反，如果要使用刀锯、锉刀以及带有刀片的手持式刃具利器，最好还是戴好工作手套。

在搬运木材等大件材料时，为了保护双手，请一定戴好工作手套。

## 对器具、工具要先了解正确使用方法再加以运用

购买器具或电动工具时，商品肯定都附带使用说明书。就算没有纸质指导手册，也一定标有注意事项。在使用工具之前，请务必熟读说明，在充分了解使用方法之后再加以运用。

## 挑选优质工具

使用优质工具，不仅可以提高工作效率，还可以减少危险事故发生的概率。刀刃越锋利，危险性便越低。因为只要刀刃锋利，我们无须强加力量便可轻松作业。

请不要使用粗制滥造的器具，一定要选择优质产品。就算价格高昂一些，只要能保证安全就是值得购买的。

# 为了让鸟儿安全使用

饲主如果想亲手为爱鸟制作物件，请一定谨记一点——这是给鸟儿使用的东西。鸟儿们身体小，如果动辄以"对人的健康无害"为标准，最后可能会给鸟儿造成巨大的伤害。

手工制作的作业过程自不必说，从准备材料阶段开始，一切都要凭饲主定夺。对拿到手的材料，一定要先仔细阅读说明书，判断没有问题后再加以使用。

## 叼啄是鸟类的工作

在养鸟的过程中，我们还需要注意一点，即鸟儿的"误饮误食"。鸟喙的作用原本是为了方便鸟儿啄食种子和果实等，而不是用来叼啄金属或塑料等人工制品的。不管什么生活用品或玩具，鸟儿都会用鸟喙直接接触。因此我们在手工制作过程时，请一定要时刻注意："这件东西会不会被鸟儿误食呢？"

## 不可省略的步骤

本书中提到的所有物件都没有用过"钉子"。因为如果用钉子连接两种材料，当其中一种被鸟儿破坏后，钉子便会从残留材料中露出来，这样可能会伤到鸟儿。如果在制作过程中需要连接部件，请一定选择如木螺钉那样长度适中且可留在材料中的零件。

此外，还要根据连接部位的尺寸，选择使用长度适中的螺钉。若螺钉太短，连接部件轻易便可拔下；若太长，则会直接接触鸟儿的皮肤，导致它们受伤。没有东西是绝对安全的，但为了爱鸟的安全着想，这一步，饲主万万不能省。

## 注意铅和熟铁

我们会在生活中用到各种各样的金属材料。在常用材料里，铅是对生物有害的金属之一。因铅在湿润环境下有抗腐蚀性，所以自古以来便多用于水中或湿气较重的地方。

比如电线使用的焊锡、绘制陶器等物的颜料、钓鱼时使用的沉子、置于鱼缸中用来压水草等物的铅坠、廉价首饰、缝于窗帘底部的小铅块等，细想我们的家庭用品，铅可谓无处不在。

铅万一被鸟儿啄食到体内，待不断溶解沉积下来，很可能会引起铅中毒。

从环境保护的观点出发，全球很多地方都在限制铅的使用。因此，日常生活中，凡是可能会使鸟儿接触到铅的物件，我们必须要更加小心，提高警惕。

钓鱼时使用的沉子多是由铅制成，应多加注意。

# 木材种类的二三事

网络上关于如何养鸟的信息不计其数，内容错综复杂，也不乏诸如将对鸟类有害的植物（木材）认定为"可用材料"的错误内容。在本书中，不明来源的沉木、几近腐烂的朽木、生出树脂的木头、带牙长叶的木头以及发霉的木头都不是可用对象。关于天然木材，稍后我会详细介绍。我个人用的大多都是在果园或公园中被修剪掉的树枝，办理相关手续后，便可从相关园林中获得。

## 如何寻找天然木材

当一个人想通过DIY做点什么的时候，首先要面临的一大难关便是"怎样才能获得天然木材"。

原本那些不适合做建筑材料的细木枝大多都会被加工成木片，所以我们必须要在加工前找到它们。

下面我来为大家介绍我是如何寻找这些天然木材的。

●请熟悉的果园工作者分予树枝

果园每年都会开展整形修剪工作。每到这个时候，我都会请果园的工作人员帮我把需要的树枝分出来。如果您的熟人、朋友中有人种植果树，可以提前跟他们打声招呼。

●与住宅附近的公园进行交涉

可以尝试去附近的公园事务所咨询一下，看能不能请工作人员帮忙将树枝分出来。公园偶尔会对树木进行修剪护理，可以请工作人员帮忙将修剪掉的枝丫收起来。每个公园的情况不同，我们也有可能被拒绝，不过没关系，不必强人所难。此外，如果碰巧遇到附近的公园正在修剪枝叶，可以先和园艺工人打声招呼，询问是否可以将树枝分予自己。

●参加自治会或志愿者活动

多参加自治会组织的植树节或者保护森林的志愿者活动。只要得到应允便可以让人将修剪的树枝分予自己，这样我们就可以在树枝被加工成木片之前拿到手啦。

●提前拜托家有庭院的朋友留意

和果园的方法同理，只要与家有庭院的朋友提前说好，他们都会在修剪园木时将树枝留给我。想要获得既清楚品种又知道来源的树枝材料，这不失为一种好方法。

●网购

一些园艺工作者或木工从业人员都开有网店。除了树枝，有些业者还会根据顾客指定的材料，销售切板等物品。这种情况下，除了使用坯料，我们还需要向对方准确说明具体尺寸等细节内容。不过，网购的木材大多都产地不明，这一点还请多加注意。

# 本书中使用的天然木材

## 榉树

榉树多种植于街道或公园，算是比较容易取得的树种。状态好的树枝表面富有光泽，深受鸟儿的喜爱。此外，从人类的角度来看，榉树还是做室内装饰的好材料。榉树不仅木质坚实，可塑性强，还方便精细做工，实乃建材良选。

## 苹果树

苹果树是大型鸟类颇为倾心的果树。虽然天然木材有很多种，但用苹果树树枝做的玩具在市面上很常见，所以接下来想要开启手工生活的朋友们大可安心使用。苹果树树枝表面坚硬、凹凸不平，对于喜欢咬啄的鸟类来说甚为合适。

## 梨树

和苹果树一样，梨树也是制作鸟类玩具的常用木材。虽然其表面较为光滑，但有沟痕，形状便于鸟儿抓靠，即便鸟儿力量不足也丝毫没有问题。但梨木不太适合被加工改造。

## 桉树

桉树叶作为树袋熊的食物而被众人知晓。桉树不仅深受澳大利亚本地鸟儿的喜欢，还是广大鹦鹉们的心头好。

## 其他

除了上述天然木材之外，我们还可以使用麻栎、白桦、竹子、杨梅树、猕猴桃树的树枝。

# 天然木材的消毒方法

天然木材在被采伐运输之前，野生鸟儿都会在上面停留驻足。因此，为了避免从野鸟身上染上传染病，请务必仔细对木材进行消毒等处理。

此外，有的天然木材上会沾有动物的粪便，因此，为了爱鸟的健康安全，在拿到天然木材之后，请一定要先洗净和消毒，再加以使用。

### ①干燥
将木材放在向阳处进行晾晒。在使用木材之前，可以先放在阳台等地晾晒30～60天。平放容易受到雨水影响，建议竖置晾晒。

### ②去虫
将充分干燥的树枝浸泡在水中去虫。这样一来，无论是藏在木头里的蛀虫，还是晾晒过程中附在木头上的害虫，都可以一并去除。去虫结束后，直接当场用清水将木材清洗干净，便不会将脏物带到手工作业室了。

请仔细清洗树枝，直到徒手抓取木材时，手上不再沾附表皮粉末即可。

### ③切割、一次加工
根据所需尺寸和形状，切割木材。

### ④沸水消毒、蒸汽消毒
用沸水或蒸汽对加工完的材料进行消毒。当然，也可以对木材横截面直接消毒，加工后用热水消毒最为有效。

比如说，如果您需要的是30厘米左右的短树枝，可以放在大锅的沸水中蒸煮消毒。消毒过程中，要不断拨弄树枝以便使其受热均匀，持续几分钟后即可拿出。

如果是长度较长的树枝，可以将其放在洗涤池内，一边转动，一边冲浇足量热水以便消毒。

如果您需要的木材长度超过1米，可以尝试用蒸汽清洁器进行清洁。高压蒸汽的温度一般为130摄氏度左右，可以在打开蒸汽熏蒸的同时，用刷子清洗消毒。

### ⑤加工后再次消毒
所有加工作业结束后，要用消毒剂对木材进行消毒。栖木是鸟儿使用的物件，所以不要用酒精，用毒性较低的消毒剂最为妥当。本书中，笔者使用的是将弱酸性的次氯酸粉末兑上自来水混合而成的消毒剂。

市售的除菌喷雾等大多都是为人类准备的，对小动物而言，有些则属于有害物质，因此请不要在鸟类的生活环境中加以使用。

**1**

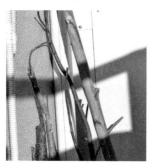

将新砍伐的生材放置在向阳处充分晾晒。

**2**

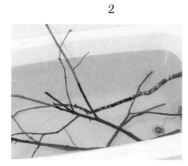

将晾干的木材浸泡于水中，以便除虫。

**3**

根据所需尺寸，切割木材。

**4**

沸水消毒。如果没有锅，也可以使用高压清洗机。

**5**

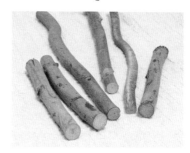

沸水消毒并充分干燥后，进行加工作业。

**6**

加工完成后，用次氯酸水等防菌剂进行消毒。

# 市售木材

制作支柱和台架等物件时会用到市售木材。本书中，凡是带有清漆等涂料的木材，我都尽量避免使用。只有在做类似游乐场底板等鸟儿咬啄不到的地方时，我才会使用。

购买市售木材有几个选择要点，我基本都会按照"木节少，截面平整"这两点来挑。方材我会选择线条横平竖直的来买，板材则是挑毫无歪斜、不软不弯的材料，这样做制品的完成度才会提高。

## 松木材

松木材来源于松科植物，属于树脂较少的材料。
比SPF板材还要坚实。

## 杉木材

杉木材也属于硬质材料。市售的杉木材多以平板和圆盘状为主。

## 轻木

轻木作为手工材料被广泛使用。虽然木材本身质量很轻，但承重力非常强，以前还是制造模型飞机的原材料。轻木易加工，用裁刀或剪子也可轻松切割、剪裁。

## SPF板材

SPF板材是使用白木材加工而成的建筑材料。其特点是树脂较少，价格低廉，尺寸多样，可操作性强。

# DIY 初级篇

在最初尝试手工制作时，可以先做一些简单易上手的小物件。
本章我将会为大家介绍用小部件和绳子便可制作的玩具，以及
鸟儿专用栖木等。

希望大家能在享受DIY的过程中，慢慢熟悉自己的专属工具。

## 以绳子系结部件，制作简单玩具

为了一步步熟悉手工制作，我们可以先做一些仅将市售部件以绳子系结便可完成的简单玩具。

材料
市售部件（带孔物件）
绳子

使用工具
剪刀

制作方法
1 将绳子剪成适当长度。

错误

若将绳子系成圈，很可能会缠住鸟儿的爪子或羽毛。饲主不在家时，鸟儿无法自己挣脱，很可能会发生危险事故，所以千万不要将绳子系成圈！

2 用绳子将市售部件——穿起，每个部件之间打上结扣。

＊注意事项
所有材料均请使用宠物专用的市售物品，或者使用符合严格安全标准的婴幼儿专用物品（带有"ST标"*或"CE标"**的物品）。

*ST标：日本玩具安全标准是参照日本食品卫生安全标准，由日本玩具业界团体自主制定的规章制度，要求玩具中不能含有会对人体产生影响的有害物质。

**CE标：CE标是一种安全认证标志，代表商品符合欧洲制定的严格安全标准。根据玩具、产业机械、医疗器械等不同行业的不同用途，制定有相应的安全标准。

各种各样的部件
玩具部件可以从鸟类的饲养用品店中购买。一定要检查确认部件损坏时有无被鸟儿误食的危险。

# 使用轻木制成的可咬啄玩具

这次我们用轻木做材料，用剪刀便可轻松剪切。
用轻木制作的这款玩具，上手过程简单，可以供鸟儿咬啄。

材料
轻木（1毫米厚）

使用工具
切刀、剪刀

制作方法
1 用剪刀或切刀将轻木裁剪成所需形状。

**＊注意事项**
若太过用力将切刀插入轻木，木材可能会
被戳裂，所以裁剪时动作要慢，下手不要
太重。

**轻木**
轻木属于用剪刀或切刀便可剪裁的轻质木材，
是作业过程中的常用材料。家居中心的轻木
区中有各种厚度的材料，任君选择。

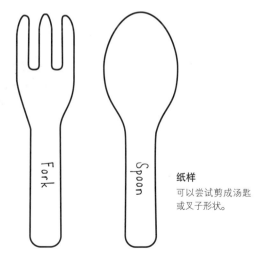

**纸样**
可以尝试剪成汤匙
或叉子形状。

# 栖木基本款

我们接下来要做的是栖木基本款，哪怕是第一次尝试DIY的人，只要用心，都可以轻松搞定。我们的主要目的是熟练使用材料和工具，所以做的时候不要给自己太大压力。完成后，用不锈钢大号垫圈夹住鸟笼笼丝，再用蝶形螺母将其牢牢固定即可。

**材料**

天然木材（任意长度、粗细）

不锈钢紧固螺栓（M5×40～50毫米）……1个

不锈钢大号垫圈（M5）……2个

不锈钢蝶形螺母（M5）……1个

※范例作品使用的是木质垫圈。

**使用工具**

台虎钳、刀锯、手电钻、钻头（2毫米、4毫米）、扁嘴钳、普通螺母、活动扳手

**制作方法**

1 为保证所切割的天然木材长度与鸟笼相配，先用夹具将台虎钳固定在作业台上，再用台虎钳固定住天然木材。

3 使用2毫米钻头，在单侧截面的中心位置打一个导孔（宽1.5～2毫米、深30毫米）。

5 将蝶形螺母安在紧固螺栓上，找1个普通螺母帮助固定，再用活动扳手将螺栓拧入木孔中。

2 将一切材料都固定牢固后，用刀锯将天然木材切割出所需长度。

4 打安装孔，尺寸要保证紧固螺栓能够进入。如果螺栓是M5型号，则钻孔尺寸为4毫米。

6 当紧固螺栓越来越难拧，最后拧到剩在外面的螺栓长度约为15毫米时，便可停手。取下辅助用螺母。

**＊注意事项**

如果使用栖木的鸟儿体重超过100克，或栖木本身长度超过200毫米，为了保证承重强度，建议使用M6型号的螺母。

安装好的蝶形螺母。在两个垫圈之间夹上小夹片以便固定。

# 鸟儿最喜欢什么栖木？

您的爱鸟喜欢什么样的栖木呢？

只有饲主完全掌握爱鸟的喜好，才能让爱鸟生活得更为舒适惬意。

### 鸟儿本能最喜欢什么呢？

鸟儿喜欢高处、视野开阔的地方，因为它们需要不断确认自己的周围是否安全。此外，据说鸟儿都傍树干而眠。因为天敌一般不会由靠墙一侧发起袭击，所以这样鸟儿也能睡得安心踏实。

以上这些条件，轻而易举便可以在日常生活中达到。①在房间最高处安设栖木。②在笼内高处也安设好栖木。③使鸟笼背靠墙面。

喜欢天然栖木的虎皮鹦鹉皮皮。

### 鸟儿讨厌的栖木

既然有鸟儿喜欢的栖木，反之也有它们讨厌的物件。

比如前后摇晃的栖木，鸟儿是可以站住的。在大自然中，树枝会因风而动。在摇晃过程中，鸟儿可以找到平衡，但一直旋转的栖木却会让它们无法站稳。

所以在用DIY制作栖木时要多加注意，不要让鸟儿行动不便。

### 天然栖木最为推荐

购买鸟笼时，一般都会附赠一两根和笼子大小尺寸相配的栖木（加工材）。虽然加工过的栖木对鸟儿生活并无影响，但我还是首推原生的天然栖木。

那么，原生的天然栖木究竟好在哪里呢？因为天然树枝的表面和尺寸都不是固定不变的，鸟儿可以自行选择喜欢的地方，所以我才最为推荐。鸟儿站在加工过的成品栖木上，鸟爪所接触的地方都没有变化，但天然木材的形状复杂多变，鸟爪接触的每个地方都不尽相同，还能起到预防爪部疾病的效果。

此外，鸟儿站在凹凸不平的地方，不仅能梳理爪子够不到的部分羽毛，还可以擦拭鸟喙，可谓一举多得。

# 详说栖木的粗细

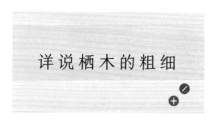

双爪握力较弱的虎皮鹦鹉年糕很喜欢用天然桉木制作的栖木。

## 标准栖木的粗细和应用

一般来说，鸟儿抓住栖木时，其抓住的部分占栖木圆周的70%左右即为标准。

普通市售的鸟笼如果附带栖木，大多是金丝雀、文鸟以及小鹦鹉专用的小型栖木，直径均为12毫米，或者是鸡尾鹦鹉等中型鸟专用的直径为15毫米的栖木。

如果是为体重不足500克的小型或中型鸟制作栖木，我会选择直径20～25毫米的木材，如果对象是体重超过500克（包含500克）的大型鸟，我会使用直径30～50毫米的木材制作栖木。

我家的栖木通常都由天然木材制成。我家的虎皮鹦鹉皮皮虽然喜欢标准尺寸

的栖木，不过不管在什么栖木上，它都能待得住。但另一只虎皮鹦鹉年糕，由于它的鸟爪握力较弱，所以通常更喜欢较粗的栖木。

鸟笼附带的栖木毕竟都是标准尺寸，实际上鸟儿可以站在各种各样尺寸的栖木上。最关键的是，饲主要了解自家爱鸟最喜欢哪种栖木。

## 我家栖木的使用方法

在我家，给健康的虎皮鹦鹉皮皮设置栖木的方法和给握力较差的虎皮鹦鹉年糕在鸟笼里设置栖木方法是不同的。

皮皮使用的栖木用材多种多样，形状也都各不相同，比如睡觉的地方使用的是直径为12毫米的市售加工T字木，吃饭的地方是直径为12毫米的天然木材（麻栎木材），饮水处所用栖木是市售不规则木杆，吃零食的地方是直径为20毫米的白桦木，主栖木是直径为15毫米的桉木，鸟笼内部的暖气区域使用的则是市售分枝栖木（直径为8～12毫米）等。

这样可以让它喜欢在鸟笼中生活，可以让鸟爪时刻活动，从而可以方便它磨爪以及保证鸟爪的健康。

年糕使用的则是半无障碍式的保暖鸟笼。栖木除了移动用的一个地方以外，其他全部使用直径为18毫米的桉树木材。

年糕的双爪握力较弱，如果使用虎皮鹦鹉常用的标准尺寸加工栖木，它有从上面跌落的危险，所以我通常会用较粗的桉树木材来制作它的栖木。

# 市售栖木的加工品举例

前文已经对天然木材进行过相关说明，其实我们在手工制作的过程中，有时也会使用市售栖木做原材，并且还有将其再加工后使用的方法。有时购买鸟笼时，还会附赠T字杆。将其加工一下，就会变成外出专用品。这个T字杆由两根长短不一的木杆构成。在此基础上追加一根木材，鸟儿便可以使爪子呈90度状态停稳在上面。如此一来，即便在移动过程中不断振动，它们也能安稳地站住。

## 使用市售苦楝栖杆做成的台架

从耐久性、稳定性优良，重量轻的角度考虑，苦楝是制作体重测量专用台架的最佳材料。

如果是小葵花凤头鹦鹉使用，因鸟儿体重大约为330克，将市售苦楝木材切割为直径20毫米便可使用。苦楝木质坚硬，即便用刀锯切割也要费上一番功夫。正因为质地坚硬，所以可以长期安全使用。

## 常绿树栖木的去皮加工

因为要安装在护理专用的组装塑料箱上，所以要对木质特别坚硬的常绿树栖木进行些许加工。该栖木主要是供喜欢咬啄栖木的鸟儿使用。将常绿树的表皮削剥掉，便不必在看护箱中另外添置可以咬啄的物件了。因为常绿树的表皮非常坚硬，所以去皮时建议使用电动工具，小心操作。

在T字杆上再安装一根木材，可以方便鸟儿呈90度角站立，移动时也可以保持平稳。

这是小葵花凤头鹦鹉"小歌"。只要拥有这个台架，测量鸟儿的体重便手到擒来，方便得很！

常绿树是木质非常坚硬的木材。其顶端的表皮可以用电动工具进行加工。这种栖木对容易破坏栖木的大型鸟来说，再适合不过了。

STAGE

## 栖木台

栖木台是鸟笼中最适合鸟儿休息、玩耍的主题物件。

对于不擅长抓靠栖木的小鸟来说，栖木台可谓是它们的最佳放松舞台。

**材料**

圆木材
（直径约50毫米、厚度约
20毫米）

不锈钢紧固螺栓
（M5×40～50毫米）
……1个

不锈钢大垫圈（M5）
……2个

不锈钢蝶形螺母（M5）
……1个

※如果想做尺寸较大的栖木台，请准备2
套螺钉材料。

**使用工具**

台虎钳、刀具、锉刀、手电
钻、钻头（2毫米、4毫米）、
扁嘴钳、活动扳手

**＊注意事项**

如果要做稍微大一点的栖木台，
可以选择偏大的圆木材，安装
2套用来固定的螺钉，从而增
强台架的稳定性。

**制作方法**

1
在粗大的圆木材上切
出安装截面。

2
为保证安装面垂直，
用锉刀锉平修整截面。

3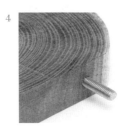
按照第030页制作方
法中的步骤3～5，
先打出导孔，而后
再钻出安装用的洞
孔。导孔和安装孔
使用的钻头尺寸分别
为2毫米和4毫米。

4
用活动扳手将安装
用的紧固螺栓拧入
木材。

## 鸟笼专用秋千

这是由金属丝、串珠、天然栖木组装而成的秋千。
虽然手工制作的过程比较简单，不过它毕竟是放在
鸟笼内使用的东西，所以还请大家多注意安全。

材料

金属丝（直径2毫米、长度50
厘米左右）

栖木专用的天然木材（直径
约12毫米、长度约10厘米）
……1根

串珠（带有CE标志的玩具
部件）

使用工具

台虎钳、刀锯、手电钻、钻
头（2毫米）、钳子

制作方法

1 用钳子剪切金属丝。
先测量大概需要的长
度，剪切时稍微留长
一些。

2 将金属丝的一侧扭成
可以固定在栖木上的
圈环状，另一侧则串
上串珠。

金属丝和栖木的安装方法1

将栖木一侧钻出孔洞，
插入金属丝。打孔时
要注意孔洞大小要与
插入部分的金属丝长
度和粗细相匹配。

金属丝和栖木的安装方法2

将栖木纵向打孔，从
洞孔上方插入金属丝。

钻出2毫米左右的洞
孔，将穿过栖木的金
属丝弯成椭圆形，再
将金属丝切面从下方
放入孔中。还可以将
玩具等小物件挂在这
个椭圆形圈洞上。

＊注意事项

因为金属丝的切面非常锋利，
为了避免爱鸟受伤，请将切面
弯藏到它们碰触不到的地方。

大型鸟将树脂串珠咬裂啄碎
后，有误吞误食的危险，这一
点还请多加注意。

使用金属丝时，用尖嘴钳等将
切割面扭弯，可以提高作业过
程中的安全性。请千万小心，
不要被金属丝戳捅到眼睛。

## 房间里的秋千

这次我们要制作的是可以放在房间中使用的大型秋千。

不仅可以让多只鸟共同使用，还可以精心设计，用来安放饲料盒、玩具等。

材料

天然栖木木材（直径15～18
毫米、长250毫米）……2根

不锈钢链条（长50厘米）
……1根

不锈钢撑条（15毫米×300
毫米）……2根

不锈钢细长螺钉
（3.3×25毫米）……4个

不锈钢垫圈（M5）……4个

使用工具

台虎钳、刀锯、锉刀、手电
钻、钻头（2毫米）、角尺

*注意事项

暂时固定后，确认水平、垂直
均无问题后，再彻底拧紧加固。

不锈钢细长螺钉也被称为防木
裂专用螺钉。

制作方法

1

将2根天然栖木木材
切成同样大小后，钻
出导孔。用锉刀等将
截面锉平后，可增强
秋千承受强度。

2

将不锈钢撑条安装在
栖木上。先把同一
侧的两处暂时对准安
好，再将另一侧的
两处对准固定，最
后彻底拧紧固定。

3

将不锈钢细长螺钉和
垫圈叠在一起，同
时使用。

4

将不锈钢链条安装在
撑条上，即可完工。

## 移动鸟笼专用栖木

本次制作的是外出时用的小型移动鸟笼专用的栖木。
该栖木不仅不会露出螺丝，还方便将鸟笼整体轻松地
放入行李包中。可谓安全又便捷，值得拥有。

材料

天然木材（直径12毫米、长100毫米左右）

内外牙螺母（M4×10毫米）……1个

大垫圈（M5）……2个

白色树脂滚花螺钉（M4×16毫米）……1个

使用工具

台虎钳、刀锯、手电钻、钻头（2毫米、6毫米）、内六角扳手

制作方法

1 将天然木材切割成所需大小，在安装截面的中心部位打出直径约为2毫米的导孔。

3 使用内六角扳手拧紧内外牙螺母。

2 若将孔洞稍微扩大一些，内外牙螺母可更容易进入。

4 将螺母拧到比截面深1毫米左右的位置即可。

**＊注意事项**

如果栖木是放在横网鸟笼中，可以在两端安上内外牙螺母，再用螺钉对两端进行加固，从而增强鸟笼的承重强度。切割木材时，木材长短要与鸟笼内部尺寸保持一致，保证两端截面平行齐整是制作本物件的关键要点。最后在安装时，要根据垫片的厚度进行调整。

# 串珠版玩耍栖木

**本次我们要制作的是带串珠的栖木。**

鸟儿使用这种栖木时，不仅姿势放松，还能玩耍串珠，可谓一举两得。

## 材料

天然木材（120～150
毫米）……1根

方材（15×30×70毫米）
……2块

不锈钢弹簧条（直径
1.2毫米）……1根

内外牙螺母（M4）
……1个

大垫圈（M5）……1个

白色树脂滚花螺钉
（M4）……1个

细长螺钉（3.2×30毫米）
……2根

## 使用工具

台虎钳、夹具、刀锯、手
电钻、钻头（2毫米、6
毫米）、钳子

## ＊注意事项

不锈钢弹簧条与普通的
金属丝不同，即便被折
弯也能轻松反弹回原样。

## 制作方法

1

用台虎钳和夹具固定木材，切
割成适当长度。

2

在方材上打出两个洞。第一个
是放不锈钢弹簧条的孔洞。使
用2毫米的钻头打出3～5毫米
的深度，注意不要打通木材。
另一个孔洞用来固定栖木，打
穿即可。

3

在栖木两端打出导孔后，再用
白色树脂滚花螺钉将其固定在
方材上。

4

选出一侧方材，在栖木洞和不
锈钢弹簧条的孔洞中间，从外
侧安装上内外牙螺母。

5

用钳子取一段不锈钢弹簧条，
长度比左右两块方材间的距离
稍微长一些。将串珠穿在弹簧
条上后，调整长度。弯曲弹簧
条时，上面的串珠会跟着移动，
增加趣味性，鸟儿也会玩得更
开心。

# 木制哑铃玩具

木制哑铃是一款方便鸟儿咬啄、翻弄、扔投的玩具。
用栖木的边角料和一次性筷子即可制作。

材料

天然木材（直径约25毫米）
一次性筷子

使用工具

台虎钳、刀锯、小型刀锯、
手电钻、钻头（3～5毫米）、
扁嘴钳

**＊注意事项**

将木片用扁嘴钳夹在托板上，
会更容易打孔。

制作方法

1

将天然木材切成薄片，
每片厚度约3毫米。

2

在木片中央打洞。
把切成薄片的木材放
在托板上，用手电
钻钻一个约4毫米的
孔洞。

3

将一次性筷子切成适
当长度。

补充：

因为一次性筷子的材
料较为柔软，所以
不用钳子也可以进
行切割，不过如果
使用小型刀锯作业，
切割出来的截面会更
平整干净。

4

将一次性筷子插入木
片中即可完成。如
果一次性筷子太粗，
可用切刀等工具削刮
调整。

# 就算鸟儿独自在家，也不会感到寂寞
# 用定时装置控制收音机与灯光的开关！

由于我家鸟儿独自在家的时间比较长，所以我一般都会通过定时装置来控制家电的运转。

在主人不在家的时候，通过播放收音机或控制房间亮度，不仅可以避免让鸟儿感觉无聊，还能帮助它们舒缓情绪。虽然不同个性的鸟儿对房间亮度的要求各不相同，但在我家，即便晚上睡觉也会开着脚灯，以便应对地震等突发状况。为了省电，现在我家房间里各个地方的照明灯具都已换成LED光源。

## 巧用电视机的定时关机功能

起床后随即打开电视机，并利用定时功能设定好关机时间，这样，哪怕主人出门上班，电视机也可以再持续播放大约2小时。如此一来，鸟儿便不会因为主人的外出而突然陷入安静环境，而是可以伴随电视声音慢慢适应。

## 午后妙用收音机

使用定时插座，在下午2点左右打开提前调小音量的收音机。定时插座在家居中心便可以买到，只要将其插在室

将收音机与市面销售的定时插座连接好，待到了设定时间后，鸟儿们便可以享受美好的小时光啦。

内插座上，即可简单设定。准备一个使用模拟电源的收音机，与定时插座连接好。然后，将机器本身的播放开关打开，从而便可通过定时插座来控制电源。

## 活用定时功能，在下午5点左右打开房灯

利用顶灯的定时功能，我们可以在傍晚天黑前打开房灯。夕阳西下，房间渐暗，鸟儿开始进入梦乡。但如果主人回家再开灯，对鸟儿来说则相当于经历了多次昼夜交替。为避免这一点，我们可以提前设定好时间，让灯光在傍晚亮起。

如果长时间身处亮光下，鸟儿很难在白天睡好觉，因此我们可以在笼内安装一些遮光罩，哪怕房间光线很足，也照不到鸟笼内部，从而帮助鸟儿安眠。

建议大家在鸟儿生活的房间里安一盏顶灯。扁平的顶灯安装在天花板上，既不会妨碍鸟儿飞行，同时有的产品还附带一些便利功能，可谓一举两得。

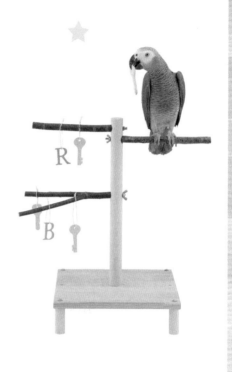

皮皮平时最喜欢听收音机了。

# DIY中级篇

在中级篇中，我们使用的工具和材料的级别都会有所提升。

在专心致力于手工作业的同时，请一定要注意安全。

不管是外出时便于携带的组装式台架杆，还是可以发出声音的玩具等，

通过本章，我们可以结合鸟儿的大小，制作更多的有趣物件。

## 栖木梯

栖木梯一般安装在鸟笼内（示意图安装在鸟笼外），
是一款靠单侧支撑整体的梯形栖木架。
栖木梯一般都是沿着鸟笼内侧进行固定的。
根据不同情况，还可以改变梯架的角度。

**材料**

天然木材（直径12～15毫米）

长度100毫米……3根

长度150毫米……1根

19号SPF方材（横截面边长20
毫米）……1根

内外牙螺母（M4）……2个

白色树脂滚花螺钉（M4×16
毫米）……2个

细长螺钉（3.5×30毫米）
……4个

**使用工具**

台虎钳、刀锯、手电钻、钻
头（2.5毫米、6毫米）、内
六角扳手（4毫米）、锉刀

**制作方法**

1

准备必要数量的SPF
方材和天然木材，
切成所需长度。

2

定好栖木之间的间
距，取方材的一边，
画线标记安装位置。
第一根栖木距离顶
端20毫米，从第二
根开始，后一根与
前一根的间距均为
55毫米。

3

在SPF方材上为细
长螺钉钻导孔，并
使其贯穿方材。在
栖木上也打出导孔，
将其固定在SPF方
材上。

4

在装好栖木的SPF
方材内侧，在栖
木之间选2处位置，
安装2个内外牙螺母
以及白色树脂滚花
螺钉。

**＊注意事项**

如果将1根较长的栖木放在最边上，鸟儿来往其他栖木
时则会更方便。

## T字台架基本款

带爱鸟去室外时，我们可以陪它尽情玩耍，共度安闲时光。

这款小型T字台架便是整个过程中必不可少的陪伴佳器。

材料

天然木材（直径12～15毫米、长150毫米）……
　1根

底板（杂木圆状切片和木版画专用板等，
　100×150×10毫米）……1块

支柱专用圆木棒（直径12毫米、长120毫米）……
　1根

木螺钉（3.2×20毫米）……2个

使用工具

台虎钳、刀锯、手电钻、钻头
（2毫米、6毫米）、木工用钻头
（12毫米）、角尺

**＊注意事项**

如果台座的宽度和栖木长度相吻合，
台架整体可更稳定。

制作方法

1　在底板上划出对角线，
　标记中心点。

2　在底板的中心处钻导孔，
　以备安装支柱使用。将
　底板钻透。

3　用木工用钻头在底座上
　钻孔，以备插入支柱使
　用。钻孔时不必全部钻
　透，钻到大约底板的一
　半厚度即可。

4　将支柱虚插入底板，并
　与第2步中钻打的导孔
　对齐，在支柱上也钻出
　导孔。

5　继续钻导孔，以便可以
　将支柱插入栖木中央。
　用钻头打孔，不穿透，
　将其作为堵孔。

6　将栖木接触支柱的部分
　削刮平整。

7　搭配底板和支柱。将木
　螺钉拧到80%左右加以
　固定，待用角尺确认角
　度为直角后再拧紧。

8　将栖木和支柱对齐，钻
　打导孔。

9　安装栖木并加固，即可
　完成。

# 逗鸟棒

当鸟儿停在高处无法下落到原处时，我们便可以用"逗鸟棒"来帮它们解决这个问题。可以仿照T字台架加以制作。

## 材料

圆棒木材（直径12毫米、长900毫米）……1根

栖木木材（直径15毫米、长150毫米）……1根

木螺钉（3.2×20毫米）……1个

螺丝圈（No.6）……1个

＊如果对象是大型鸟

圆棒木材（直径15毫米、长350毫米）……1根

栖木木材（直径25毫米、长150毫米）……1根

## 使用工具

台虎钳、刀锯、手电钻、钻头（2毫米、6毫米）、木工用钻头（12毫米）

＊如果对象是大型鸟，需要使用镗孔钻头（直径为15毫米）

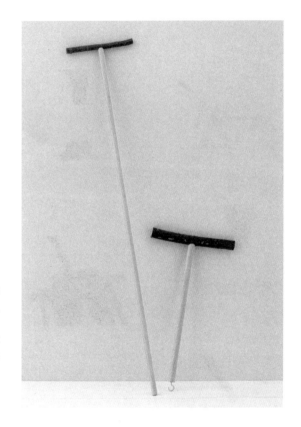

## 制作方法

1 参考T字台架基本款的制作步骤，将支柱（圆棒木材）和栖木组装在一起。

2 在支柱下方的中央处钻孔。

3 将螺丝圈拧进第2步钻打的孔中。

# 螺钉二三事，您要提前知

## 螺钉的单位

每个螺钉均定有相应规格，同规格的螺钉可以相互替换。日本一般将1米定为标准的公制螺纹（又名米制螺纹），不过在其他国家的产品中，也有将1英寸（25.4毫米）作为标准的英制螺纹。

照片中的螺钉为M5×20毫米的锅头螺钉，该螺钉的规格为M5，直径为5毫米。

## 确定螺钉长度的方法

螺钉的长度各不相同。手工作业时，我偶尔也会因为选择螺钉长度而犹豫不决，不过一般都会选择长度超过下方板

材厚度一半的螺钉。使用这种螺钉，不仅可以牢固连接材料，还能增强物件整体的稳定感。

## 螺钉的规格

如果将紧固螺钉等拧进木材，需要事先按照螺钉槽的直径钻导孔，之后再拧入整根螺钉。这个时候，我们还需要知道导孔的规格标准，根据规格表来选择合适的钻头。金属材料都需要对准相应尺寸，不过使用木材时，若出现0.1～0.2毫米的偏差也没有问题。相应尺寸的钻头均可以在市售钻头套装中找到。

M5×20毫米锅头螺钉

锅头

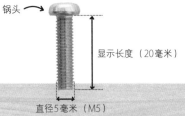

显示长度（20毫米）

直径5毫米（M5）

**公制螺纹导孔**

| 公称直径（毫米） | 钻头直径（毫米） |
| --- | --- |
| M4×0.7 | 3.3 |
| M5×0.8 | 4.2 |
| M6×1 | 5 |
| M8×1.25 | 6.8 |

# 出门专用的T字台架

该物件是T字台架基本款的升级版，可随时拆卸、组装。
当您和爱鸟一起出门，或带着爱鸟去参加训练项目时，
可以将其拆解携带，既方便，又节省空间。

材料

天然木材（直径12～15毫米、长170毫米）……1根

圆木加工材（直径140毫米×厚10毫米）……1块

支柱专用圆木棒……1根

内外牙螺母（M4×10毫米）……2个

锅头螺钉（M4×20毫米）……1个

弹簧垫圈（M4）……1个

木螺钉（3.2×20毫米）……1个

使用工具

台虎钳、刀锯、手电钻、钻头（2毫米、6毫米）、木工用钻头（12毫米）、角尺

制作方法

1　在台座（圆木加工材）中心位置钻打导孔和支柱专用安装孔，孔洞需钻透。

4　参考T字台架基本款，组装支柱。在插入台座的部分安装内外牙螺母。

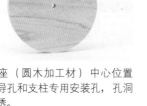

2　将M4的内外牙螺母安装在支柱专用安装孔中。

5　组装好即可使用。

在台座背面安装M4的锅头螺钉。过程中结合弹簧垫圈一起使用，可预防螺钉松动。

# 组装式台架杆

和爱鸟一起外出时，您可以将这个台架杆一起带出门。
既能简单拆卸组装，又可随身携带。
受重量的影响，物件本身也比较稳定，所以也可以当作
鸟儿的休息台使用。

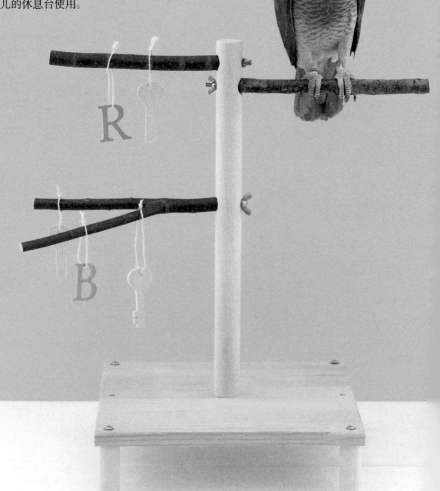

材料

市售带脚搁板（300×300毫米）……1块

圆棒（直径30毫米、长400毫米）……1根

紧固螺栓（M6×50毫米）……1个

不锈钢大垫圈（M6）……1个

不锈钢蝶形螺母（M6）……1个

不锈钢自攻螺钉（M4×25毫米）……4个

不锈钢平垫圈（M5）……4个

栖木基本款（参考第030页）……2根

使用工具

台虎钳、刀锯、手电钻、钻头（2毫米、6毫米）、镗孔钻头（25毫米）、锉刀、角尺、活动扳手

制作方法

1 底板使用市售带脚搁板。在底板中央钻一个直径为5毫米的孔洞。

2 搁板都附带有脚，虽然一般都用木工黏合剂加以固定，但这里我使用的是不锈钢自攻螺钉。为了防止板材破裂，可以选用M4规格的自攻螺钉，同时结合平垫圈一起固定。

3 在距离支柱木棒顶端10～20毫米的位置，画线标记中心点。

4 在第3步中做好标记的地方，对准支柱的正中心，钻导孔，并用镗孔钻头增大孔洞深度（不用打穿）。

5 用6毫米的钻头钻出安装栖木和螺钉的孔。

6 在支柱下方钻出导孔后，用活动扳手将紧固螺栓拧入其中，再用蝶形螺母将支柱安装在底板上。

7 安装好栖木后即完工。

# 迷你游乐场

本次我们要制作的是小型、中型鸟儿都能愉快玩耍的迷你游乐场。

将方材支柱和栖木组装在台座框架上，便构成迷你游乐场的整体结构。

台架部分可以参考前文介绍过的T字台架来制作。

材料

19毫米×19毫米的SPF木材
（长度300毫米）……2根
（长度100毫米）……2根
（长度120毫米）……1根
（长度160毫米）……1根

圆木棒
（直径12毫米、长145毫米）……1根
（直径12毫米、长100毫米）……2根
（直径12毫米、长70毫米）……3根

天然木材
（直径约12毫米、长140毫米）……1根
细长螺钉（3.3×25毫米）……13个

使用工具

台虎钳、刀锯、手电钻、钻头（2毫米、6毫米）、木工用钻头（12毫米）、锉刀、砂纸、角尺

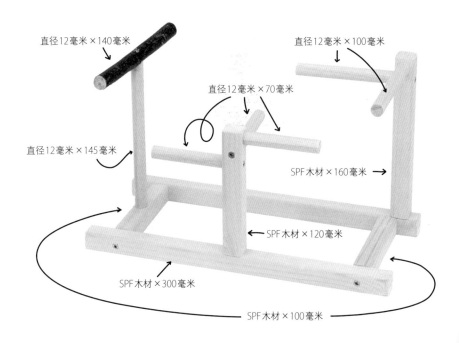

直径12毫米×140毫米

直径12毫米×100毫米

直径12毫米×70毫米

直径12毫米×145毫米

SPF木材×160毫米

SPF木材×120毫米

SPF木材×300毫米

SPF木材×100毫米

1 准备2根长的SPF木材（长边）和2根短的SPF木材（宽边）做台座。为保证平行，将2根大小、尺寸相同的短SPF木材纵向对齐，注意截面必须垂直于地面，横切1～2毫米之后，用锉刀进行打磨。

2 用角尺检验SPF木材的横纵截面是否垂直。

3 确认垂直后，用砂纸等工具为横截面做倒角处理。

4 组建梯形台座。取1根长边木材，在距离其端部20毫米的位置画一条竖线，并将其定为宽边木材的组装位置。

5 根据画线装配宽边木材。将木材置于平面，检查木材是否与装配位置相互垂直，同时在2根木材上打出2毫米的导孔，以备放细长螺钉。

6 打出导孔后，将木材外表面的导孔稍微外扩，以防材料在组装固定时裂开。将手电钻前端顶在导孔处旋转，扩大洞口。

7 打好导孔后，开始准备梯形台座的组装工作。将细长螺钉打入长边木材，并冒出许多钉尖，将其对准宽边木材的导孔后，再次检查木材垂直、水平方向是否平整，确认无误后将两者连接紧固。

8 待将四个角的细长螺钉拧紧后，检查木材垂直、水平方向是否平整。

9 再次将台座置于平面，确认台座有无歪斜。

1 切割出用来做支柱的木材，准备好
直径为12毫米的圆木棒。栖木需要
两种木材配合使用，分别为SPF木材
2根，圆木棒5根。用锉刀调整安装
面，保证相互垂直。

2 在SPF木材上要安装栖木的地方钻打
导孔。

3 将细长螺钉穿透SPF木材。在栖木圆
棒的中心做好记号后，将螺钉对准
记号拧入木棒。

4 同理，将其他栖木也固定在SPF木
材上。

5 T字台架请参考第055页的说明内容
进行操作。

6 将栖木支柱和T字台架安装在台座
上。在各部件的安装位置打出导孔
后，分别紧固螺钉。使支柱保持竖
立状态，在检查木材是否垂直的同
时，固定整个支架。

材料

天然木材（直径12毫米左右、长140毫米）……1根

白木方材（注：剥去树皮的建筑用材）
（30×35×10毫米）……2块

细长螺钉（3.6×30毫米）……1个

内外牙螺母（M4×10毫米）……1个

不锈钢大垫圈（M5）……1个

白色树脂滚花螺钉（M4×16毫米）……1个

天然木材（直径30毫米左右、长200毫米）

使用工具

台虎钳、刀锯、锉刀、手电钻、钻头（2毫米、6毫米）、内六角扳手（4毫米）、镗孔钻头（15毫米）

制作方法

1 将天然木材切割成鸟儿容易抓握的长度，以作为栖木。

2 挑一侧栖木截面，钻出导孔，用细长螺钉将白木方材固定在栖木上。

3 在另一侧栖木截面钻打导孔，装配内外牙螺母。

4 将直径为30毫米的天然木材切成5～8毫米厚度的木块，再用15毫米的镗孔钻头将其钻透打洞。用台虎钳固定天然木材时，请在木材下面放一块夹板。

5 在另一块白木方材的中心位置钻打一个直径约为5毫米的孔洞。将木圈串到栖木上，再装好白色树脂滚花螺钉后即可完工。

**＊注意事项**

该范例玩具中使用了市售的木圈。

## 木圈摇串玩具

栖木搭配木轮圈，就是本件玩具的真面貌。

当鸟儿想要拽下或摇晃木圈时，玩具会发出声响，引起鸟儿的好奇心。

它同时还可以作为咬啄玩具，满足鸟儿的独特兴趣。

## 室内摇摆式绳索

这次我们要制作的是用市售直径为12毫米的棉绳来取代栖木的物件。

如果您选用的绳索相对较粗，还可以供中型鸟儿自由使用。

剪切绳子时，请注意长度要和房间大小相匹配。

材料

棉绳（直径12毫米）

绳索专用金属零件（直径12 毫米
　绳索专用）

使用工具

切刀、扁嘴钳、锤子、钉子

**✻注意事项**

当分别向3个方向拉紧绳索时，可
以参考上一页的范例图片，使用带
有挂钩的圆盘将绳索全部挂满。

因为绳索本身也有重量，所以固定
方法一定要结实牢靠。考虑到万一
有脱落等情况发生，请避免将物件
固定在暖炉等暖气设备的上方。

如果需要钉钉子将物件固定在门楣
上，请使用大号挂钩（负荷量大于
等于5千克）

室内悬挂的方法

利用门上挂钩将绳索吊挂在
室内的门上。

制作方法

1 先对棉绳做"鞣"处理（将绳子变
软）。剪一段长度稍长于所需材料的棉
绳，煮沸进行消毒。用小火蒸煮大约
2小时。根据实际情况，可以一边加
水一边煮，以便消毒防虫。用洗衣机
脱水后，放在阴凉处自然晾干。

2 用绳索专用金属零件在绳头处做环圈，
以便将绳索悬挂在室内。用扁嘴钳等
将金属零件简单折弯便可固定。

3 为了增大强度，用钉子等敲打金属零
件背面的抓钩。

# 房间里装设栖木的方法

为了充实爱鸟的自由时间，下面我将为大家介绍一种在高处装设天然栖木的方法。如果能借助窗帘滑轨或门楣夹具，不用在墙壁上开洞便能设置栖木。

## 栖木木材的选择方法

如果选择笔直的树枝，鸟儿停下来时树枝会不断旋转，鸟儿很难放松下来。选择稍微弯曲的树枝，可以在装设的时候将弯曲的部分放在下面，这样可加强稳定性。使用长约1米的栖木，在两端拧入螺丝圈。

## 高度和装设方法

将栖木两端安装上螺丝圈，用麻绳或不锈钢链条将其吊起。放置栖木的高度最低要保证170厘米左右，这样人在下面经过时也不会对其有任何影响。

● 使用窗帘滑轨

在窗帘滑轨的撑条部分安装 S 形挂钩，将栖木挂在上面。

● 使用窗帘滑轨和 L 形撑条

用螺钉将市售的 L 形撑条拧装在窗帘滑轨的连接撑条上。因为栖木是装设在窗帘滑轨的上方，所以对窗帘的开关并无任何妨碍。

用S形挂钩将栖木装设在窗帘滑轨上的状态。

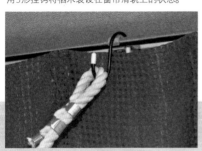

使用L形撑条，不会对开关窗帘造成影响。

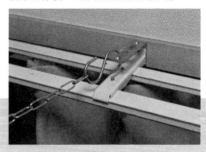

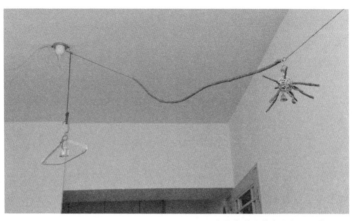

这是安装在笔者家客厅中的栖木，没有在墙上打一个洞，吊挂至今。

●使用吊灯专用的接线盒

借助房间现有设备，如可以利用挂在天花板上的枝形吊灯等的装设挂钩来安装栖木。因为接线盒是安装在天花板上的插座，所以请注意不要让鸟儿靠近。

●使用门楣夹具的装设方法

使用市售的门楣夹具也可成功装设栖木。如果选择这种安装方式，因为夹具最多只能承受2千克左右的重量，所以请注意鸟儿们的总体重不要超标。

这是利用天花板上的枝形吊灯的装设挂钩来安装栖木的范例。如果鸟儿会咬啄安装在天花板上的接线盒，请换其他安装方法以保证安全。

如果使用市售的门楣夹具，不用在墙上开洞便可装设栖木。

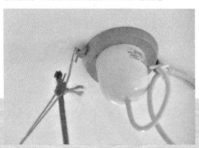

# 便利脚轮台，您值得拥有

如果您想要在"动手做！DIY精致工作室"专栏挑战更有难度的手工制作，请一定不要错过我接下来介绍的内容——更为复杂的手工创意和精细材料。因为大家都是手工达人，所以制作方法我均以要点的方式进行说明。首先要介绍的是方便移动大型鸟笼的物件——"脚轮台"。

大型鸟使用的鸟笼本身便偏大，颇具重量，很难在室内移动。不过自制脚轮台，不仅可以调整大小使其与鸟笼相匹配，还可以根据室内各通道的尺寸自行设计，方便鸟笼四处移动。书中范例是和"HOEI465鹦鹉笼"配套的脚轮台。为了防止在移动过程中鸟笼掉落，该脚轮台还装设了用烧桐木材制作的制动器。

板材使用桌面板等已经加工完成的装潢板材。因为是加工制品，所以形状也方便人们使用。从范例中我们也可以看出，板材的拉手部分已经被提前剜空，非常便于搬运挪动。不仅如此，因为板材是装潢制品，所以用水清洗或湿布擦拭便可清洁整理，操作十分简单。

材料
桌面板（450×600×24毫米）……1块
烧桐木材（90×300 毫米）……2块
尼龙双片脚轮（30毫米）……4个
（其中2个是刹制脚轮）

木螺钉（3.3×25毫米）……6个
木螺钉（3.3×12毫米）……16个

使用工具
刀锯、锉刀、手电钻、钻头（2.6毫米）

制作要点

1 准备材料。虽然准备的是4个脚轮，但其中2个是刹制脚轮。只要有制动装置，便不会出现脚轮台随便乱动的情况，甚至在地震时也可放心使用。

2 在桌面板上留出鸟笼的宽度后，结合板材的把手位置和大小，将烧桐木材切割成合适尺寸，用木螺钉将其固定在桌面板上。桌面板背面安装脚轮。届时可以利用角尺来固定位置。

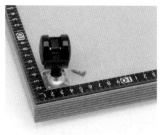

这是将"HOEI465鹦鹉笼"放在脚轮台上时的状态。有了脚轮台，移动鸟笼便不再是难题。因为可以经常送向阳处或室外观赏风景，所以"阿有"（鹦鹉名）特别高兴。

选择合适部件，
知其功能，
高效应用

各种脚轮

### 橡胶脚轮

不论是室内还是室外，橡胶脚轮都是在作业现场被广泛使用的一种脚轮。

虽然滚动时较费力气，但过程很安静，几乎没有声音。橡胶脚轮的耐油性较差，如果长期使用，轮子会磨损劣化，可能会弄脏地板，也会出现被鸟儿咬啄的情况。

### 尼龙脚轮

尼龙脚轮由承重较强的尼龙制成，滚动时无需费力便可轻松移动，不过产生的声音较大。脚轮本身承重力强，耐油性高。即便长期使用也很少劣化。

### 尼龙双片脚轮

尼龙双片脚轮一般是组装式家具等的附带品。制动装置的操纵杆也由尼龙制成，操作简单是该脚轮的一大特点。

### 万向钢珠滚轮

顾名思义，即用金属小球代替树脂而制成的脚轮。这种脚轮不仅可以降低安装高度，而且在金属滚轮的作用下，可以比其他脚轮更容易转换方向。不过，其缺点是容易损伤复合地板。虽然在凹凸不平的地方，万向钢珠滚轮不如车轮式脚轮移动方便，但不用担心被鸟儿咬啄的问题。

# DIY 高级篇

如果您已经习惯了手工作业，那就快来挑战一下制作大型或者结构更为复杂的物件吧。
下面我将为大家介绍一些高性能玩具，保证让喜欢咬啄的鸟儿玩得更开心，变得更聪明。

PLAY

## 觅食扭蛋壳

觅食扭蛋壳是用一种投币抽取的玩具 ——"扭蛋"的外壳制成的觅食物件。

通过旋转扭蛋壳,饭粒会随之掉落是这款觅食扭蛋壳的主要功能。

虽然加工塑料制品会稍有些难度,但请相信自己,快来尝试一下吧。

材料

扭蛋壳……1个

不锈钢六角头螺栓（M6×90
毫米）……1个

螺母（M6）……1个

平垫圈（M6）……1个

蝶形螺母（M6）……1个

使用工具

手电钻、树脂用钻头（6毫
米、12毫米）、切刀、锉刀

制作方法

1

＊照片中的扭蛋壳的顶部周围开
有四个洞。

在扭蛋壳上下顶点各
打一个孔，以便螺栓
穿过。因为其顶点处
原本便有为了成形而
制作的小凹坑，所以
以此为中心点，用直
径为6毫米的树脂用钻
头打孔即可。

2

在扭蛋壳下方（透明
的一侧）打孔，方便
饵料掉落。调整制作
视角，将扭蛋壳看作
是一个圆屋顶，在与
顶点处呈大约45度角
的位置，用直径为12
毫米的树脂用钻头打
孔。为了美观，请在
对称位置再打一个孔，
共计2处。

3

在扭蛋壳下方（透明
的一侧）打一个用来
补给饵料的孔洞。在
距离组合扭蛋壳上下
部分的沟槽处数毫米
的位置，用树脂用钻
头打孔。

4

将六角头螺栓穿过扭蛋
壳，并用平垫圈和蝶形
螺母加以固定。放入零
食饵料后旋转扭蛋壳，
饵料便会从旁边的洞孔
中掉出来，这样鸟儿就
可以享用美味啦。

# 大型游乐场

大型游乐场是专为重量为500～600克的大型鸟儿设计的玩具。

在支柱上装设螺旋梯，可以让鸟儿尽情享受升降的乐趣。

为了降低重心、增强稳定性，整个物件必须要有强大的承重能力，所以我建议使用重量较沉的加工板材做底座比较好。

**材料**

松木加工板材（600×400×15毫米）……1块

圆木棒（直径30毫米、长600毫米）……2根

圆木棒（直径15毫米、长90毫米）……8根

圆木棒（直径15毫米、长160毫米）……1根

圆木棒（直径15毫米、长140毫米）……1根

天然木材（直径25毫米左右、长400毫米）……1根

天然木材（直径20毫米左右、长200毫米）……1根

加工木圆盘（140×15毫米）……1块

不锈钢螺丝钩（小）……2个

牧草绳……2米

不锈钢木螺钉（4.2×65毫米）……2个

不锈钢细长螺钉（3.6×30毫米）……14个

**使用工具**

台虎钳、刀锯、手电钻、钻头（2毫米、6毫米）、木工用钻头（15毫米）、镗孔钻头（15毫米、25毫米）、角尺、锉刀

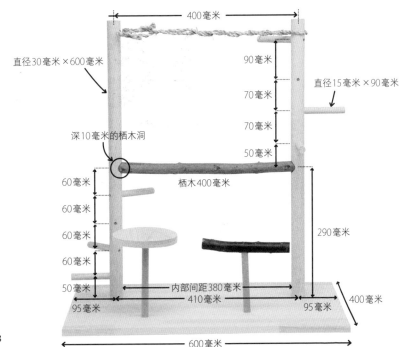

## 尺寸的定标方法

制作本范例时最重要的是尺寸的定标方法。材料中虽然都标有长度和粗细大小，但为什么要用这个尺寸的材料呢？下面我将为大家说明一下。

首先请想象成品的模样，然后推测敲定各个材料的尺寸。因为台座板材的大小是提前定好的，所以我们可以以此为标准加以考虑。为保证在游乐场玩耍的鸟儿哪怕大便，其鸟粪也可以落到台座上，我将位于中央位置的栖木长度定为400毫米。

其次，决定支柱的装设位置。因为栖木是400毫米，所以需要在外侧安装支柱。如果将支柱与支柱的柱心间距定为410毫米，则内部间距便是380毫米。支柱的外部间距为440毫米，以阶梯状安装在台座上的圆木棒则定为90毫米的长度正合适。

另外，因为用于钻洞的镗孔钻头的直径为25毫米，长度10毫米，所以内部间距可以用400毫米减去20毫米（孔洞深度大约为10毫米），即380毫米。如果孔洞深度不固定，最后成品会晃荡不稳。如果钻头长度等有固定的标准，最后做出来的成品效果会更好。

## 支柱的钻洞加工

1 鸟儿使用螺旋阶梯最为方便，因为各阶梯的开角大都为45度，所以可以以此为标准确定钻洞位置。范例中，第一个阶梯的木芯处距离台座底板的距离为50毫米，如果将第二个阶梯的高度设置为60毫米，最高一级的阶梯则会设在高度为290毫米的位置。分别标记第一个和最高的阶梯在支柱上的钻洞位置。

2 首先割出一个90度角。将角尺抵在第1步中用台虎钳固定的圆木棒上，将在第1步中标记在支柱上的第一个阶梯的记号旋转到距离底板35毫米的位置。35毫米是指从台座底板到用台虎钳固定的高度20毫米加上圆木棒的半径15毫米得出的总值。

3 同理，确定第3、第5个阶梯的位置，钻打导孔。

080

4 将钻头虚插入位于第1个和第3个阶梯间的导孔内，用量角器测出45度角。

5 只要量角器上端的线条保持水平即可。

6 将1～5个阶梯的标记处全都打出导孔，用镗孔钻头钻出插放栖木的孔洞。

在栖木两端打出导孔后，用木螺钉将其安装在支柱上，形成H形。待紧固螺钉后，确定栖木长度和两根支柱之间的距离是否相同。

**组装零配件**

8 将螺丝钩拧入两根支柱中。

9 参照前文内容制作零配件，参照第055页内容制作栖木，参照第059页"出门专用的T字台架"的台座说明制作小板桌。

10 在台座上画线，标记支柱之间的内部间距，待钻出导孔后，用木螺钉从底部将其固定。

11 在H形栖木前面，用细长螺钉安设好T字形栖木和小板桌。最后再在螺丝钩上挂好牧草绳即可完工。温馨小提示，在牧草绳两端绑两圈麻绳，这样会更容易套挂在螺丝钩上。

## 大型鸟类专用台架

大型鸟类台架是为金刚鹦鹉等
大型鸟类打造的专属台架。
台架本身偏重，坚固又稳定。
因为可以拆解组装，所以清洁
整理起来也非常简单方便。

材料

松木材加工圆盘（直径450毫米、厚15毫米）……1块

圆木棒（直径50毫米、长900毫米）……1根

木螺钉（4.2×65毫米）……1个

挂架螺栓（M6×50毫米）……3个

不锈钢垫圈（M6）……3个

不锈钢蝶形螺母（M6）……3个

橡胶脚套……4个

木螺钉（3.1×16毫米）……4个

使用工具

台虎钳、刀锯、手电钻、钻头（2.6毫米、6毫米）、镗孔钻头（35毫米）、锉刀、角尺、扁嘴钳、活动扳手

制作方法

多花一番工夫，会更加方便！

1 按照第078页制作大型游乐场的要领在支柱上打孔。自下而上150毫米的位置为第一层，各层安装洞的角度互成45度，共在支柱上打9个孔。

2 在底板的背部钻打导孔，再用木螺钉将支柱安装在底板上。

参照第030页的说明内容制作9根栖木，并将其安装在支柱上，简易版本的台架便可完成。

4 在底板上开3个导孔，使其呈三角形。钻打出孔洞后，卸下第2步安装的木螺钉。

5 从底板上卸下支柱，在支柱上再打3个导孔，使3个孔呈三角形，之后再拧入挂架螺栓。此时，为了避免之后要安装的蝶形螺母彼此相撞，在拧入挂架螺栓时，可以用活动扳手使其稍微向外倾斜一点。

6 在底板上也钻出3个直径为8毫米的导孔。利用蝶形螺母和挂架螺栓将支柱安在底板上。

7 将底板四角套装好防滑橡胶脚套后即可完工。

# 趣味觅食盘

趣味觅食盘是一款只要打开亚克力餐盖，鸟儿就能吃到美食的觅食用品。
图片范例中，有些盖子是用镜子材料制成的，所以喜欢镜子的鸟儿特别兴奋。

材料

加工木圆盘（直径200毫米、厚24毫米）……1块

亚克力圆盘（直径50毫米、厚24毫米）……4块

细长螺钉（3.6毫米）……4个

使用工具

大型夹具、手电钻、钻头（2.6毫米）、镗孔钻头（35毫米）、塑料专用钻头（6毫米）、锉刀、砂纸、带轴刷具

**＊温馨提示**

如果将亚克力的盖子换成类似镜子的物件，鸟儿还可以在觅食的同时看到自己的身影，这样它会玩得更欢乐。

制作方法

1

根据圆盘半径长度找出中心位置。标记亚克力圆盘的安装位置，使其与圆盘中心呈90度角。

2

在圆盘上打出鸟儿的专用餐洞，尺寸比盖子（亚克力圆盘）小5～10毫米即可。用大型夹具将其牢牢固定住。为了防止材料受损，作工时请用夹板加以固定。垂直打出导孔后，再用镗孔钻头一气呵成，这样打出的餐洞会更完美。

3

用砂纸磨掉刺屑，用带轴刷具将餐洞内部刷扫干净。

4

在盖子上钻轴孔。因为亚克力的边角部分容易破裂，所以使用塑料专用钻头时请格外小心。钻轴孔时，可以在亚克力下方垫上木头。范例中的轴孔直径为4毫米。

5

在底座圆盘上钻导孔，装好盖子后，先轻轻拧上螺钉，再回转1/4～1/2，保证盖子可以自由旋转便可完工。

# 声响玩具

声响玩具是一款由加工木材组装而成，内部放有小木球的玩具。

只要鸟儿随便一动，玩具便可发出"嘎啦嘎啦"的声响。

**材料**

加工木材（70×70×10毫米）
……2块

圆木棒（直径12毫米、长80
毫米）……4根

木螺钉（3.2×20毫米）
……8个

木球

**使用工具**

台虎钳、刀锯、锉刀、角尺、
手电钻、钻头（2毫米）

**制作方法**

1

先用材料切出上下盖。

也可以使用市售圆盘，但
如果选择的是四角板，建
议直接剪成八边形。

2

切割直径为12毫米的圆棒，
以插入上下盖之间。虽然
只需要4根，但建议尽量
保证所有的木棒都和截面
相垂直。这一点，可以用
角尺加以确认。

3

取单面盖子，安装圆棒。
在盖子和圆棒上分别钻打
导孔后，用木螺钉将两者
组装在一起。把球放入里
面之后，再固定好另一面
盖子即可完工。

**＊温馨提示**

如果用核桃等来代替木球，
鸟儿会因为想将其取出来，
从而玩得更入迷。

## 爱鸟的小别墅

本次我们要制作的是一间小房子。当放飞爱鸟时，爱鸟如果飞累了，可以停在这座小别墅里休息。小别墅的屋顶是石板瓦形状的。墙壁由椴木画板制成，墙壁支柱均使用带有沟槽的加工方材，只要互相插好即可成形，所以即便受损也可简单更换新材料。另外，也可以用纸箱子做别墅墙壁。

**材料**

装潢板（400×450×20毫米）……1张
带沟槽加工方材
　（25×500毫米）……2根
　（25×400毫米）……2根
方材
　（15×30×340毫米）……2根
　（15×30×400毫米）……2根
　（15×30×100毫米）……1根
轻木薄板（80×400×2毫米）……6片
椴木画板（450×300×4毫米）……2片
栖木专用木材（直径20毫米、长290毫米）
　……2根
圆木棒（直径18毫米、长260毫米）……1根
天然木材（直径25毫米、长200毫米）……1根
不锈钢细长螺钉
　（3.6×45毫米）……8个
　（3.6×20毫米）……15个
　（3.6×30毫米）……2个
不锈钢自攻螺钉（4.2×10毫米）……12个

**使用工具**

台虎钳、刀锯、小型刀锯、手电钻、钻刀（2.6毫米）、镗孔钻头（15毫米、30毫米）、锉刀、角尺、切刀

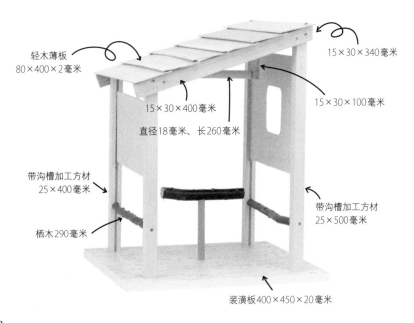

轻木薄板
80×400×2毫米

15×30×340毫米

15×30×400毫米

15×30×100毫米

直径18毫米、长260毫米

带沟槽加工方材
25×400毫米

栖木290毫米

带沟槽加工方材
25×500毫米

装潢板400×450×20毫米

制作方法

1 准备带有7～8毫米沟槽的方材。为保证屋顶倾斜，请提前准备2根长方材和2根短方材。

4 垂直安装支架。从装潢板的背面钻打导孔，锪平后将安装支架用的细长螺钉（3.6×45毫米）的螺钉头埋入板内，避免其突出。

2 在距离装潢板左右两端各50毫米，距离手边、对面各30毫米的部分，标记带沟槽方材的装设位置。标记的时候请按照方材的形状，画四边形。

5 在支架上方安装加固材料。为保证支架与装潢板的直角状态，在安装完侧面带有坡度的木板后，用不锈钢细长螺钉（3.6×20毫米）将靠手边和对面的垂直木板安装在支架上。

3 在装潢板上钻打导孔。注意打孔时，洞孔不要与方材的沟槽部分相重合。

6 用不锈钢细长螺钉（3.6×20毫米）将方便鸟儿攀爬屋顶的栖木依次按照从眼前向后的方向安装在支架上。

7 用椴木画板做墙壁。画出窗户轮廓。

8 在步骤7画出的轮廓里，按照镗孔钻头直径30毫米、半径15毫米的标准，在四个角上分别画出开孔的导向线。

9 将镗孔钻头的中心与导向线的中心交汇点对齐，钻洞。

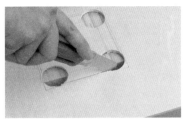

10 在洞周稍微向里的位置直线切割椴木画板。使用小型刀锯更易切割。

11 用锉刀打磨修整截面。

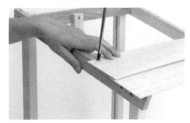

12 安装石板瓦形状的屋顶。装设轻木薄板时，前后请余出20毫米左右的长度。以下方木板为基础，呈石板瓦状压叠装设屋顶。调整好轻木薄板与加固材料的位置后，钻打导孔，用自攻螺钉（4.2×10毫米）将两者组装在一起。

13 将栖木专用木材用不锈钢细长螺钉（3.6×45毫米）横向安装在侧面支架上。

14 请参照第055页制作T字台架。在小屋内部的中央位置装设T字台架。在装潢板和栖木的支架上钻打导孔后，再用细长螺钉（3.6×30毫米）将两者安装在一起。

15 在支架的沟槽里安装细长螺钉（3.6×20毫米），防止墙壁下滑。

16 将墙壁安装在沟槽内。先将墙壁的一边斜插入单侧沟槽内，再将另一边插入对面沟槽中即可完工。

# 觅食性玩具，按压来吃饭

如果您去家居中心，会发现其实里面有很多零部件和工具。从零部件开始做起固然很快乐，但有时候使用成型的零部件，也许能做出更有趣的手工作品。通过灵活运用家居中心售卖的各种各样的零部件，本次我们要做的是一款新型觅食性玩具——"按压出饭机"。

管状的加工木材和弹簧组合在一起是该玩具的主要结构，只要鸟儿从上面按压管筒，下面的洞口便会飞出种子等饲料。就尺寸而言，该物件比较适合大型鸟使用。

## 材料

木管（直径45毫米，洞口直径25毫米，长200毫米）……1根

不锈钢推力压簧（钢丝粗0.8毫米，弹簧外径10毫米，长70毫米）……1个

圆木棒（直径24毫米、长240毫米）……1根

厚底板……1块

自攻螺钉（4×12毫米）……1个

平垫圈（米6）……1个

不锈钢细长螺钉（3.3×35毫米）……2个

## 使用工具

台虎钳、刀锯、手电钻、钻头（2毫米）、镗孔钻头（20毫米、35毫米）、锉刀

制作方法及要点

1 在底座（厚底板）找一个合适的
  位置，用自攻螺钉将弹簧安装在
  底座上。范例中，使用平垫圈以
  加固稳定。

2 确认直径为24毫米的圆木棒能否
  放入洞口直径为25毫米的木管
  中。如果放入时中途受阻，请使
  用锉刀等继续锉削木管内部，直
  到圆木棒能顺利无阻地上下移动
  即可。

3 调整好圆木棒后，在外侧木筒中
  央附近的位置钻打孔洞。打出导
  孔后，用镗孔钻头打穿导孔。

4 在木轴（即圆木棒）上钻打孔
  洞（藏匿零食的地方）。将木轴
  放稳在弹簧上，同时确认其移动
  状态，找一个合适位置钻打孔
  洞，保证松开手时，木轴上的洞
  口能藏在木管中，全部被按下去
  时，孔洞恰好能露出来。打好
  导孔后，用镗孔钻头加大孔洞深
  度，以便能放入种子等饵料。

5 打完孔洞后，再次确认木轴的移
  动状态。如果检查没问题，将外
  侧的圆木管用不锈钢细长螺钉固
  定在台座上即可完工。

按下去　　　　　＼饭就出来啦／

# 日 常 护 理 与 防 灾

为了让鸟儿过上更舒适开心的生活，我们应该为它们创造什么样的环境呢？本章我将和大家一起来探讨这个问题。此外，对于已经上年纪或生病的鸟儿，怎么能让它们安稳度日，我们需要做什么，遇到紧急情况时我们应该如何应对，以及怎样做好防灾准备等，我将会在本章中为大家一一介绍。希望这些灵感妙招能为大家提供帮助，让鸟儿和人都可以安全、安心地幸福生活。

# 保证让鸟儿舒适生活的注意事项

本书的前半部分主要介绍了手工制作栖木等物件的方法。从现在开始，我将从鸟儿的日常生活和护理方面进行相关介绍。

野外生存的鸟儿，一般都会通过自己飞翔移动来获取食物，寻找安全舒适的地方自由生活。

与此相对，那些作为小伙伴和我们人类一起生活的鸟儿，它们生活的范围基本仅限于鸟笼或室内。饲主为其准备的环境，便是它们一生所依的住所。

那么，对于家中饲养的鸟儿来说，究竟什么样的生活环境才算宜居呢？

如果条件允许，可以准备多个环境，让鸟儿自己选择。如果我们人类只准备一种环境，它们别无选择，只能单方面接受饲主的"馈赠"；但如果我们和鸟儿有商有量，"这里面哪一个你用起来更方便呢"，通过观察爱鸟的反应，琢磨它们的喜好，这样选出的居住环境才是它们真正的心之所向。

另外，有时人类视角下的"好环境"和鸟儿判断出的"好环境"大不相同。虽然饲主和爱鸟拥有同样的感情，同在一个屋檐下生活，但终究我们是"人"，它们是"鸟"。与在陆地上生活的人类不同，鸟儿凭借飞行得以生存，所以如果要饲养它们，我们需要做的准备不计其数。

我在制作鸟儿专用物品时，经常换位思考："如果我是这只小鸟，我想在什么样的环境下生活？"

## 如何选择鸟笼

给鸟儿选家，首先要考虑鸟鸟笼的机能和安全性。选择要点有二：第一，先确认鸟笼大小是否符合爱鸟需求，生活空间是否安全舒适；第二，从人类的角度来看，观察鸟笼是否方便清扫整理和维护。

爱鸟在舒展翅膀时，前后左右都碰不到笼壁，这是选择鸟笼大小的最低标准。为了鸟儿的身体健康，我们选择的鸟笼尺寸必须要大于最低标准，以确保爱鸟有足够的活动空间。此外，考虑到鸟儿活动时还需要玩具等，所以请选择哪怕装设在笼内，也能确保安全性的物件进行安装。

应事先准备多种栖木，观察了解爱鸟的喜好。装设笼内设备时，请多以3D（立体）视角加以考虑，为爱鸟提供可以充分运动的生活环境。

# 与爱鸟共度生活的起居环境和保温管理

宠物鸟与人类一起生活，有时保温对它们来说，是必不可缺的生存条件。鸟儿的年龄和身体状况不同，所需温度也各不相同。具体情况需要饲主多观察多了解，适当调节温度，以确保鸟儿的身体健康。

如果您和爱鸟一起生活，想必冬天应该都是开着暖气的吧。

不过开暖气终究只是人类为了驱寒而采取的行动，最重要的是我们要知道"鸟儿目前生活的空间是多少度"。要为鸟儿布置宜居的生活环境，请先从了解鸟儿真正需要的空间温度做起。

即便是身体健康，平时不需要保温的鸟儿，当它们身体不适时，有时也需要适当保温。所以为了爱鸟，保温这门学问技巧，饲主可不能不掌握。

## 加大鸟儿的运动量

之前我介绍过如何将栖木装设在室内高处，以便能有效利用爱鸟和饲主生活的室内空间，使其变得更立体。即便室内空间有限，鸟儿也可以在低处的鸟笼和高处的栖木之间上下飞行，从而为爱鸟保证充足的运动量。不仅如此，我觉得爱鸟通过享受室内飞行的乐趣，还可以让它们的生活变得更加充实。

一般来说，鸟儿不擅长向下飞行，所以也会出现一些鸟儿因为察觉到危险，飞到高处，最后飞不下来的情况。

在室内保证充足的上下生活空间，通过让爱鸟随心所欲地自由飞翔，慢慢地它们便会克服上述问题。万一出现鸟儿不敢向下飞的情况，饲主可以加以干涉，将其召唤回来。

## 保证室内环境安全可靠

请避免安装鸟儿在飞行过程中可能会碰撞到的照明设备、绳状物以及室内装饰等物品。外露的照明灯泡可能会烫伤鸟儿，所以还请将其取下。

遇到玻璃窗、透明室内门、全身镜等物体时，鸟儿因为无法辨别前方不能通过，经常会出现一头栽撞在上面的事故。为了防止碰撞事故，饲主可以拉上窗帘等。

观叶植物中也有对鸟儿有害的物质。如果家中种养植物，请确保鸟儿食用后没有危险。

丢失是将鸟儿置身于险境，发生次数最多的事故。即便不是故意的，也经常会因为没关好窗户等而引发令人悲伤的事故。所以请饲主一定要注意检查窗户的开关状态，在玄关前装设隔扇窗帘。

购买鸟笼时，一般都会附赠一两根加工圆棒栖木。虽然附赠的栖木也可以物尽其用，不过由于它们表面均匀，容易对鸟爪固定的受力部位造成负担。对

购买鸟笼时基本都会附赠一两根栖木和饲料盒，快来将鸟笼改造成爱鸟喜欢的模样吧。

皮皮很喜欢用HOEI465尺寸的栖木。不同的鸟儿使用栖木的方法也各不相同。有的是将其当作消磨白日时光的地方，有的是用作就寝的休息地，还有一些小型栖木，专用来挠头或梳理羽毛等。

于腿部力量较弱的鸟儿，很容易导致它们滑落摔伤，不便使用。

如果是天然树枝制成的栖木，不仅不易滑落，形状、粗细也都各不相同。这样鸟儿就可以根据自己的喜好选择站立的地方，轻松不费力，自在生活。

以上便是天然栖木的"吸睛"优点。

### 鸟笼内部布置

在较高和较低的位置分别装设栖木。因为饲料盒一般都放在鸟笼入口附近，所以在靠笼口较低的地方放1根，后面较高的地方放1根最为合适。

从本能角度来说，鸟儿身在高处情绪最为稳定。

完成初始布置后，将鸟儿放入鸟笼，可以一边观察鸟儿的状态，一边装设栖木或玩具。同类物件请多准备几种以供鸟儿自己挑选，而不是凭借人类的喜好去装设布置。

我放置在鸟笼中的玩具都控制在最小限度，这样可以确保鸟儿拥有能够展翅活动的空间。

# 鸟笼的放置地点

哪怕是在房间内，也要将鸟笼放在爱鸟可以自在生活的地方。请大家来思考一下，哪些地方是鸟儿可以放松舒适生活之地呢？

①明亮的地方

②视野开阔（能够环视室内）的地方

③容易和饲主接触的地方

④视线高度能和饲主保持一致的地方

⑤鸟笼后面是墙壁等安全无危险的壁面

要在房间内找到满足以上全部条件的地方或许很难，但为了爱鸟，还是请努力创造一下吧。

## 我家的鸟笼配置

在我家，我将鸟笼放在了客厅里。以下几点是我在放置鸟笼时的注意事项。

①不放在窗帘容易扫拂到的地方

②不放在会碰到室内门的地方

③不放在空调风直接正面吹到的地方

④放在不宜受外界空气影响的地方，以备冬季更有效地保温

深思熟虑后，最后我将鸟笼放在了如图片所示位置。将鸟笼放在距离南侧窗户1～2米的位置，鸟儿还可以看到电视。因为鸟笼后面是房间隔断，所以还可以增强其隔热性能。平常我会为置于电视机台架上方的鸟笼盖一个隔风套，以挡住空调吹风。

由于建筑物的原因，鸟笼正好处于空调吹风口的直线位置上，不过可以通过左右调节空调风向，避免空调风直接吹到鸟笼上。

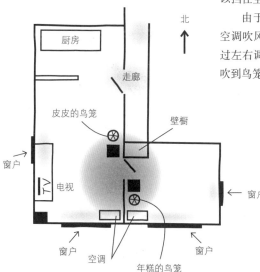

北

厨房

走廊

皮皮的鸟笼

壁橱

窗户

电视

窗户

窗户 空调 年糕的鸟笼 窗户

# 鸟笼的温度管理和使用塑料箱的保温环境

虽然对于健康的鸟儿来说，严冬或较低的室内温度也是必不可少的生存环境。但在对雏鸟和病鸟的护理过程中，即便身处五六月的暖阳下，也必须做好保温（保证鸟儿的生活空间温暖舒适）措施。

做好保温措施不是指将热源放在鸟儿身旁，只温暖其身体的一部分，而是要烘热整个生活空间，保证鸟儿吸入的空气都是温暖舒服的。

如果鸟儿生病了，请咨询主治医生后，再设置合适的保温温度。

建议在考虑室内温度的基础上，调节鸟笼以及塑料箱的内部温度。"如果室内是○○摄氏度，建议鸟笼（保温箱）的温度提高到△△摄氏度"，即要将室内温度作为前提条件，开展保温措施。加热器等设备的性能是显示相对容量空间内可以将温度提高至多少摄氏度。

在冬季没有安装暖气的室内看护鸟儿时，如果要采取保温措施，请不要用强力加热器只加热鸟笼或塑料箱，而是在保证一定室温的情况下，提高整体生活空间的温度。

## 保温用具的种类

保温方法不止一种，但具体要使用什么样的工具，还要根据实际情况和鸟儿的状态进行判断选择。下面我将为大家介绍最常见的保温方法。

①小鸟加热灯（宠物加热灯）

加热灯属于笼内装设物件，其提高温度的能力可以根据功耗表加以辨别。虽然可以迅速加热，保持高温，但灯泡表面温度有时会超过200摄氏度，所以在安装设置时需要多加小心，注意不要沾到水等。

此外，入冬前，需要对加热保温设备进行点检及清扫等修整工作。（具体的修整保养过程请参照105页内容）。因为小鸟加热灯不具备调节温度的功能，所以可能还需要另外装设恒温器。

小鸟加热灯

薄片加热器

②薄片加热器

薄片加热器即印有碳的树脂薄片。与小鸟加热灯相比，薄片加热器使用起来更为简单，装设在鸟笼背面或侧面即可提高温度。

单个的薄片加热器的输出功率（提高温度的能力）较低，包有金属外皮的款式输出功率比较高。将薄片加热器铺在塑料箱下面，也可以有效加热。产品不同，具体配件也各不相同，有的薄片加热器附带自动调温功能，有的则内置有恒温器。

③点位加热器

该加热器只能有效加热部分部位。可以搭配小鸟加热灯或大型薄片加热器一起使用。

④恒温器

恒温器不是保温用品，而是管理温度的仪器。通过测量鸟笼或塑料箱内部饲养环境的温度，来控制输送到小鸟加热灯的电量，由此保证鸟儿生活空间的必要温度。

恒温器是"为了保持受控部在一定温度范围内，控制发热装置电源开关"的温度感测装置。恒温器可以通过控制输送到加热器的电流量，保证鸟儿的生活空间一直处于恒温器设定的温度下。

如果室温为20摄氏度，将恒温器设定为30摄氏度，插入电源后，加热器的电流流动，室温会从20摄氏度上升到30摄氏度。到达30摄氏度后加热器便会断电。如果下降到一定温度，恒温器会再次使加热器通电。加热器运作，提高温度。

安装在鸟笼内部的恒温器

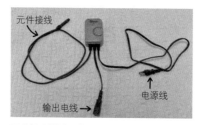

元件接线

输出电线

电源线

图中恒温器总共有三根电线：温度感测部位的元件接线、插入房间插座的电源线和连接加热器的输出电线。

**恒温器的设置方法**

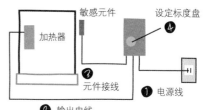

加热器

敏感元件

设定标度盘

❹

元件接线

❸

❷ 输出电线

❶ 电源线

将温度感测部位（敏感元件）安装在远离加热器的位置。

为了确认保温用具的效果，温度计也必不可少。

有的爬虫类专用的高性能恒温器不仅有两种温度设定模式，还可以定时使用。

# 加热器的安装方法

当在鸟儿的生活环境中安装加热器等保温用具时，一定要注意温度梯度。

温度梯度是指要在生活中创造温差环境，保证空间内既有高温处，也有温度较低的地方，这样鸟儿可以根据自身情况，自由选择自己觉得舒适的地方生活。

此外，鸟儿有时会在加热器上停留，注意不要灼伤鸟儿，还要对绝缘线等多加留心，避免鸟儿啄咬破坏。

## 选择和鸟笼相匹配的加热器

"要安装多少瓦的加热器，鸟笼内部才能达到○摄氏度呢？"，肯定会有朋友考虑加热器的设定方法，想凭借一种方法就能简单设定成自己想要的温度，这未免有点难度。周边温度、环境和鸟笼的布置方法不同，最后出现的结果也各不相同。大概的基准数据如右表所示，大家可以参考一下。根据鸟笼选择相应需要的瓦数，如果条件允许可以给鸟笼罩上笼衣，这样便能保证一定程度的保温效果。

**鸟笼的尺寸和选择加热器的基准数据**

| 鸟笼的尺寸（高度） | 加热器的瓦数 |
| --- | --- |
| 20厘米 | 20瓦 |
| 30厘米 | 30瓦 |
| 45厘米 | 40瓦 |
| 60厘米 | 60瓦 |
| 超过60厘米 | 100瓦以上 |

此外，如果要使用灯泡式加热器，最好准备两个或更多，以防断线时没有备用。与此同时，为了避免温度过高，建议安装恒温器加以控制。

# 避免让加热器和塑料笼衣接触的妙招

安装好加热器后，如果周围被罩上了塑料笼衣，注意要避免加热器和塑料的直接接触。关于这一点，我想大家肯定会用心琢磨出各种办法，我在这里先抛砖引玉，介绍一下我家的方法。

第一种方法是用烹饪使用的网架拓展鸟笼的顶部面积，为了避免网架倾斜，可以用捆带加以固定。

第二种方法是使用小型移动鸟笼，进行随时监视的方法。选择这种方法，即便在放飞鸟儿时，鸟儿也不会直接站在加热器上，安全又省心。使用S形挂钩便可以将其悬挂在大鸟笼上。

关于鸟笼的遮蔽物，使用市售的笼衣就很方便。如果笼子较大，想要买到合适尺寸的笼衣，可以去家居中心购买已经裁剪好的塑料布。这种情况下，建议选择桌布等饲主在日常生活中也可以使用的物件。因为刚买回来的塑料布带有原料异味，所以使用之前记得先将其摊开放在阴凉处散除气味。

## 如何在鸟笼上设置加热器

将加热器安装在鸟笼一侧，设置温度梯度。

此时，将加热器安装在较低的位置，用笼衣覆盖整个鸟笼，就可以通过对流让整个鸟笼完全变暖。

打造笼内温度差，让鸟儿们自己选择最为舒适的专属地界吧。

将烹饪用的网架置于鸟笼顶部，避免遮盖布或塑料笼衣直接接触加热器。

将加热器安装在小型移动鸟笼中，再用S形挂钩将小鸟笼挂在大鸟笼上。

# 达到爱鸟体感舒适温度的信号

要检查加热器有没有让鸟笼内部有效升温，可以通过观察爱鸟的行动来加以判断。

如果鸟儿贴附着加热器生活，则说明笼内温度没有达到所需要求（如照片所示）。即便鸟儿距离加热器有一定距离，也不能说明笼内足够暖和（如照片所示）。如果鸟儿距离加热器很远，则说明笼内温度已足够（如照片所示）。

注意确认温度是否达标时，要在温暖的白天进行。夜晚室内温度也会下降。晚上可以用毛毯罩住鸟笼，以防止温度下降。

准备一个和鸟笼的大小相匹配的加热器，电容要足，然后用恒温器将笼内气温调整到最佳温度，以便鸟儿舒适生活。

### 如何在塑料箱内设置加热器

基本上只需用加热器烘暖塑料箱的一半即可。如果使用薄片加热器，可以铺在塑料箱的下面。如果使用小鸟加热灯，可以安装在鸟笼的侧面。

因为树脂制的塑料箱也属于耐热性较低的物件，所以如果您使用的是小鸟加热灯，建议用书立等物将加热灯与塑料箱隔开，保证两者不要直接接触。

如果将加热器等热源装置安装在较低位置，因为上升气流，空气会不断循环（形成对流），这样便能将整个鸟笼完全烘热。

鸟儿站在加热器上，很明显，笼内气温寒冷。

鸟儿距离加热器有一定距离，说明加热器附近比较暖和。

鸟儿远远地躲开加热器，说明笼内温度已足够。

在塑料箱下安装薄片加热器。

# 如何保养小鸟加热灯

如果加热器您选择的是小鸟加热灯，在天气变冷、需要开始使用加热器之前，首先要对其进行点检和清理等维护保养工作。

水分（洗澡水）、油分（脂粉、饲料残壳）、灰尘和振动均会损害电器制品。

通过对电器制品定期检查清扫，做好保养工作，其功能会保持相对稳定。脂粉堆积也有引发火灾的潜在危险。一年保养一两次即可规避风险，所以大家一定不要偷懒，做好定期维护。

如果加热器是新品，第一次使用时可能会有涂料异味，届时请在鸟儿不在的环境中提前试用一下。

小鸟加热灯的保养方法

1 取下外罩。外罩上可能会附有鸟羽或灰尘，建议先用干布擦拭干净。

2 取下灯泡。

3 检查灯座。如果在灯泡松弛的状态下继续使用，可能会损坏灯座内的电极。这种情况下不可再继续使用。

4 检查电源线。如果灯壳里的白色隔热罩裂开，或者电源线坏损，请勿再继续使用。

5 点检并清理灯泡。用柔软的干布擦拭掉灰尘等污物。检查确认灯泡玻璃和灯口的金属部分之间是否松弛坏损。

6 组装。将灯泡按照原样紧紧安在灯座上，将加热灯恢复原样。照片中的加热灯是将电源线的保护套牢牢插入盖中后再组装完成的。

7 确认功能。在鸟儿不在的前提下，确认加热器是否过电，是否能正常升温。因为外侧的金属罩盖能升温至70摄氏度左右，所以请注意不要被烧伤。

# 关于鸟类护理的种种方法

从本节开始，我们将一起了解如何应对紧急情况等。首先为大家介绍的是当鸟儿身体不适或生病时，我们应该如何进行护理。

良好的护理环境固然非常重要，但一般还是优先以兽医的指示为准。

## 看护要用塑料箱

对于需要护理的鸟儿来说，基本上都会需要温暖的环境。论保温性，塑料箱的密封性要强于普通的箱盒，更容易进行保温，让鸟儿的居住环境保持较高温度。另外，与鸟笼相比，鸟儿在箱内不需要上下来回活动，可以安心静养。

## 看护专用塑料箱的基本配置

虽然护理专用的塑料箱具备保温性，不过内部并没有附带鸟儿常用的栖木或饲料盒等物件。饲主在布置塑料箱时，记得也要选一些合适大小的功能性物件。

- 塑料箱
- 保温用具（小鸟加热灯等）
- 温度计
- 饮料盒、药盒
- 体重计（用于测量米饭和药物）
- 栖木
- 毛巾
- 羊毛织物等

首先明确塑料箱的放置地点。只要放在空调吹不到且背后有墙壁的地方即可。除此之外，还要注意不要放到窗边等可能会接触到冷空气的地方。

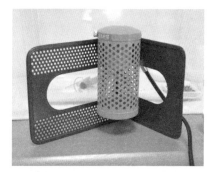

用书立设置好小鸟加热灯，放在塑料箱旁边。

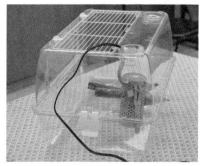

如果塑料箱能够开孔，使用金属零件安装小鸟加热灯。

其次是安装保温用具。这种情况下，要么直接铺设薄片型加热器，要么使用书立安装小鸟加热灯等同类保温用具。如果塑料箱可以开孔，建议先设置好安装用的金属零件。

然后是设置栖木和饲料盒。根据鸟儿的大小和身体状况，再配合塑料箱的实际尺寸，安放一两根配套栖木。

装设栖木时，选择站立式栖木，或者在塑料箱开洞后手工安装是最为理想的模式，但如果时间来不及，也可以用晾衣夹夹住市售栖木，以此作为替代。不过使用晾衣夹的话，需要饲主做好看护管理工作，确保鸟儿不会咬啄破坏。

因为鸟儿使用的饲料盒深度较浅，所以建议使用陶器等具有一定重量的物件，这样会更为方便。选择形状时，尽量选择鸟儿容易进食的物件。

最后是安装在温度管理中最为重要的温度计。需要注意的是，如果将温度计设置在鸟儿脚下，鸟儿的生活空间便会变窄。建议大家将温度计安装在鸟儿的上方。将扎带一侧系在用来吊挂温度计挂钩的地方，将另一侧卷成团状钩住箱面，最后盖好箱盖即可完成安装。

如果使用的温度计带有感应线，还需要在塑料箱上加工打孔，以便软线通过。

温度计上的感应线不宜折弯，如果被盖子夹住，很容易断，所以这一点还要多加注意。

温度管理是指"当室温为〇〇摄氏度时，塑料箱内的温度要+〇摄氏度"。

我们不仅要观察塑料箱内的温度计数值，还要注意调节空调，使其将室内气温保持在一定温度下。对于生病的鸟儿来说温度非常重要。

如果能在塑料箱上开洞，可以按照图片所示在箱内装置栖木。

如果没有装置栖木的孔洞，也可以使用晾衣夹来应急。

用绳子或扎带固定温度计。

# 护理类产品的详细介绍

遇到突发情况时，我们还可以对相关物件进行加工，以便应急。下面我将为大家具体介绍一下。

## 塑料箱的打孔加工

这是一种通过在市售塑料箱上打孔，可以方便安装栖木或温度计等物件的加工方法。钻打洞孔时，请一定要小心谨慎，别忘了要使用树脂专用钻头。

**制作方法**

1 将塑料箱内侧垫上夹板，用钻头慢慢开孔。若用力过大，箱面在被钻透的同时，也会出现裂损，所以一定要万分小心。

2 用锉刀或大一号的钻头清理刺屑。

3 用钻头钻孔后，再用小型刀锯将孔洞切割成U形，这样方便穿插温度计的感应线等物。

# 站立型栖木

H形的栖木很适合放在塑料箱中使用，哪怕在移动过程中也不会摇晃不定或偏离错位，可以帮助鸟儿安稳地站在上面，不仅如此，站立型栖木还能压住箱内的垫纸，可谓一举两得。具体制作方法如下。

材料
天然栖木木材（长150毫米左右）
　……1根
切面边长为15毫米的SPF方材（长100毫米）……1个
木螺钉……2个
小螺丝圈……1个

制作方法
1 将天然栖木切割成所需长度。

2 切割方材用作底座。将栖木的两端水平切下一半左右的厚度，再用锉刀等修磨完善，务必保证栖木左右两边水平面持平。

3 用适当尺寸的木螺钉将栖木固定在底座上。

4 将小螺丝圈拧入底座。

# 饲料盒架

这是放在塑料箱中使用的站立型饲料盒架。使用该餐具架，不仅可以防止饲料盒翻倒，还能使狭小的塑料箱空间实现利用最大化。

材料
切角边长为15毫米的SPF方材（长140毫米、直径为15毫米的圆棒也可以）
　……1根
小螺丝圈……1个

制作方法
1 切割SPF方材。找出方材的中心位置，在左右两边距离中心点50毫米的位置（制作饲料盒安装洞）画线标记。

2 在距离方材边角2～3毫米的位置钻打直径为2毫米的孔洞。用砂纸将孔洞的毛刺打磨干净。

3 将螺丝圈安装在方材的中央位置。

# 发生灾害时的多方准备

日常生活中请常备市町村发放的防灾地图。

## 时刻保持防备意识

日本是一个地震频发的国家。最近由于气候变化，部分地区水灾频发，所以大家在日常生活中就要时刻做好应对灾害的准备。

日本环境省大力提倡大家在灾害发生时携宠物一同避难。这其实是一种预防措施，因为宠物们一旦失去了主人的陪伴便会成为野生动物，进而引发多种公共卫生方面的问题。换句话说，"即便发生了灾害，主人也要对自己的宠物负责"。然而部分避难场所并没有办法为主人及宠物提供共同生活的空间，因此我们必须提前设想好各种各样的情况，并做好相应的应对措施。

## 保证自己的生命安全，也要保证宠物的生命安全

似乎养鸟之人在考虑灾害应对措施时首先会想到的问题是"灾害发生时，我们应该为爱鸟准备些什么？"在此之前，我们应该先确认好灾害应对的相关信息。

居住地区的避难场所在哪里？

居住地区的供水点在哪里？

到达避难所、供水点的路线是什么？

自治会单位会在什么情况下开设避难所？

我们首先要做的是对保障自身生命安全的相关信息进行确认，这是理所当然的。主人平安无事，才能拯救爱鸟的生命。

## 避难所是以人为先的场所

避难所是提供给人类避难并保障其安全的场所，绝不像我们自己的住宅一般可以让鸟类悠然自得地生活。有时候我们不得不与害怕动物或者对动物过敏的人共处同一空间。如果避难人员中有惧怕动物者，那么我们一定要更加谨慎，以防给周围的人带来麻烦或造成精神压力。

## 不要忘记求助，也不要忘记伸出援手

人命大于天。其次才是自己爱鸟的生命。要确保两方面的安全，接下来再考虑救助其他家庭的鸟儿。

不仅是灾害发生之时，日常生活中

我们就应该做好准备工作，只为发生突发状况时可以保护鸟儿。

那么我们需要做什么准备呢？

• 常备鸟用饲料。

• 准备好备用鸟笼。

• 准备好备用保温器具。

• 如条件允许，准备好可以与原住鸟儿分隔饲养的空间。

并且要提前告知自治会或附近居民："我家有鸟儿。如发现迷失的鸟儿，请与我联系。"能够守护自己爱鸟生命安全的主人，也一定可以守护其他鸟的生命。在日常生活中就要时刻谨记这一点。

### 以往返医院、出门、寄养的方式进行避灾训练

平时带鸟儿去医院、出门都是可以模拟避难活动的绝佳机会。将鸟儿放在小小的移动鸟笼里进行长时间移动时情况如何呢？这时的温度变化及鸟儿的状态又如何呢？

并不是准备好移动鸟笼就万事大吉了，当我们带着爱鸟出行时情况究竟如何？爱鸟究竟是否可以安静地待在移动鸟笼里？可见事前演练是十分重要的。

此外，平时我们可以尝试通过将鸟儿寄养他处或暂养他人的爱鸟的形式来帮助自己的爱鸟适应社会，同时也可以训练它们在陌生空间生活的能力。

### 灾害发生时最可靠的机构及救援

之前曾有过灾害发生之时，以非营利组织TSUBASA为代表，地区宠物店、动物医院等机构对鸟儿们采取了暂时性保护措施并筹措、发放鸟用饲料的先例。此外还曾有过受灾地区之外的机构充当中心站点筹措支援物资并暂时寄存的先例。

然而受灾地区也有可能自行开设这些机构，所以我们需要经常通过网络确认相关信息。

用移动鸟笼进行出行训练的灰葵花鸟小春。

与养鸟的小伙伴一起尝试寄养吧。如此可以训练鸟儿在不熟悉的地方生活，也可以让鸟儿学会社交。

# 鸟儿的应急包

我们平时为了应对紧急情况，可能会提前准备好自用的应急包，但这里面是否装有鸟儿的饲料以及保温用具呢？在本篇中，笔者将对应急时需要准备的物品进行详细介绍。

鸟用饲料……包括鸟儿平时经常吃的种子、颗粒鸟食以及零食等。尽量准备好一周以上的分量。

鸟儿的饮用水……准备好装有自来水的塑料瓶。如果给鸟儿饮用配给或市售的矿泉水，其身体状况可能会受到影响。还是准备一些鸟儿在日常生活中已经喝惯了的饮用水吧。

保温用具……虽然类似暖宝宝的应急保温物品、轻便的薄片加热器的保温效果远不如我们平常使用的宠物取暖器，但聊胜于无。薄片加热器体积较小，且防震抗摔，在可通电场所极为有效。

保温专用遮蔽物……毛毯、毛巾、应急铝箔纸、瓦楞纸箱等都可用作保温的覆盖物或遮挡物。质地厚实者为上。

鸟笼锁具……细绳、胶带等能将鸟笼牢牢锁住的用具乃应急过程中的必备用品。为了防止在混乱中打翻鸟笼导致爱鸟外逃，我们需要采取相应的对策，比如用细绳、扁绳等绑缚塑料箱以防盖子打开。

大号塑料袋……提前准备好可以将鸟笼、塑料箱完整包裹住的塑料袋。塑料袋除了能当作遮蔽物使用外，还可以在移动途中用来防雨。

名片……写有主人联系方式的名片可以为爱鸟的寄养或暂时代养提供方便。

手电筒……轻便小巧的手电筒最值得推荐。如果是省电型的LED手电筒，可以让宝贵的干电池充分发挥效用。

## 更新储备法思维

先举个例子，假设我们将未开封的饲料视为"1"，当我们打开1袋饲料供鸟儿食用时，"1"就变为了"0"，这时候就需要我们立即再买1袋以添置备用，这种方法就是更新储备法。也就是说，我们要时刻保证家中有1袋未开封的鸟用饲料。在日常生活中，我们可以用储备饲料来喂养鸟儿，但一定要记得购入新饲料以备不时之需。

同理，饮用水也要常备。如此一来，即便发生灾害时不能使用自来水，也可以为爱鸟提供新鲜的饮用水。

时常囤货，充分储备，可保人和鸟儿都无后顾之忧。如果在避难所您还能有余力将物品分享给其他鸟儿，那您的囤货状态可谓令人羡慕了。

## 快将鸟类用品放到你的应急包中吧！

这是写有饲主联系方式的名片。万一出现突发状况，我们很难保证手边纸笔双全，所以提前先准备好几张名片，不一定非要印刷体，手写体也绰绰有余。

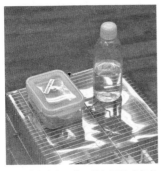

请将移动时鸟儿专用的必需品准备齐全。可以从存量较大的袋子中取出部分零食饲料放在密闭食品盒中，这样会更方便放入取出。提前在塑料瓶中装好饮用水。

选择LED手电筒，您的光源会更持久。

搬运鸟笼的包袋也算是一层遮盖物，可以用来保温。因为包袋的尺寸正好符合鸟笼大小，所以不易歪斜掉落，这一点非常难得。如果没有包袋，也可以用大号的毛巾或毛毯来替代。

万一发生突发状况时，我们可能会跌倒，也有可能会被平置的鸟笼绊倒。为了避免鸟笼或塑料箱因为落地的弹力而被打开，请用细绳或扁绳将其绑缚牢固。

家里要常多备一袋种子或颗粒鸟食。一袋开封后，记得再囤一袋新饲料。

发生灾害时很可能会用不了电，所以一定要提前准备好暖宝宝等。

# 避难前的准备

接下来将介绍避难前移动鸟笼的加工程序。这是笔者饲养的鸟儿在出行及往返医院途中经常使用的方法。

如果您的爱鸟非常好动，或者是飞行能力超群，那么在避难所等场所需要打开鸟笼照顾鸟儿之际，很可能发生鸟儿出逃的危险情况。本篇将介绍如何挑选适合移动的鸟笼，并说明栖木和器具的使用方法。

## 鸟笼的选择及加固

挑选鸟笼时最重要的一点是选择顶部呈四角形而非拱形的鸟笼。如此一来，若要饲养多只鸟儿，可以继续加层。饲养多只鸟时，使用116页中介绍的分隔板也十分方便。

另外，在选择底部隔网时需挑选能与底部托盘一同抽出者。若底部隔网不能抽出，那么清理时必须将鸟笼打开。在自家时确实可以暂时将鸟儿放出再进行清理，然而在避难处则不能将鸟儿置于鸟笼之外。

另外，需要用扁绳固定鸟笼上所有的组装部分。为了应对侧滚、掉落的发生，需要用固定扁绳进行加固。尤其是底板部分仅用左右两侧的挂钩固定，左右两侧稍有受力便会脱落，此处需要重点加固。

## 固定栖木

需选择固定型栖木。嵌入式栖木有脱落的可能，一旦脱落可能导致底板无法自由活动。因此需选择用螺钉固定的栖木。此外，在笼身与底板拼接处安装初级篇中介绍的有两个螺钉的栖木也可以实现加固鸟笼的效果。

## 选择可以自由取出的饲料盒

市场上销售的部分饲料盒可自笼身外侧插入。如借助此类型饲料盒，无须打开笼门便可以补充饲料及饮用水。此外，如果你的爱鸟习惯外出且较为活跃，可将底部托盘与底部隔网分离之后取出，在托盘上撒好饲料，爱鸟即可顺利进食。

虎皮鹦鹉皮皮日常往返医院及外出之际使用的移动鸟笼。用龙虾扣固定以防笼门活动。

为了防止隔网及底部脱落，以固定扁绳加固。

栖木则选择用螺钉固定的类型。

可从笼身外侧插入的饲料盒。

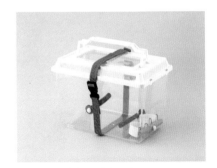

使用塑料盒时也需用扁绳固定。

# 多鸟饲养的得力帮手——分隔板

避难时我们可携带的物品是极其有限的。因此接下来将介绍一种在小型鸟笼中安装分隔板的方法。通过安装分隔板，将中央区域分为两部分。此时请勿使用中央笼门，需使用左右两侧喂食用笼门。

### 材料

塑料瓦楞板⋯⋯1块

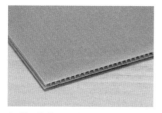

塑料瓦楞板比瓦楞纸板韧性更强，且属于防水材料。可使用剪刀进行剪裁，是一种方便使用的材料。

### 制作方法

1 测量鸟笼内部宽度及高度，之后按照该尺寸剪裁塑料瓦楞板。

2 斜向剪裁下部两端，使其与底板吻合。剪裁尺寸要保证底板可以自由活动。

3 根据鸟笼横向网线的位置开4毫米左右的小孔，用固定扁绳固定塑料瓦楞板。

# 亚 克 力 保 温 箱

亚克力移动鸟笼和保温箱虽然可以进行定制，但却十分昂贵。

**材料**

亚克力板

（500×300毫米）……1块

（450×300毫米）……2块

（496×450毫米）……1块

加固用亚克力方材

（切面边长5毫米，长296毫米）……2根

（切面边长5毫米，长445毫米）……2根

（切面边长5毫米，长480毫米）……1根

（切面边长5毫米，长495毫米）……1根

锅头螺钉（M4×10毫米）……2个

大垫圈（6毫米）……2个

亚克力专用黏合剂

**使用工具**

亚克力用切割刀

手电钻

亚克力用钻头

胶带

书立

因此本篇将介绍亚克力材料的使用方法。只需亚克力用切割刀以及亚克力用钻头等工具即可进行加工，但由于该材质容易开裂，所以加工时也比较棘手。亚克力材质本身较为昂贵，或许直接定制更为划算？但你如果已经爱上了DIY，那么何不为自己的爱鸟打造一个量身定做的保温箱呢？

制作方法

1 切割尺寸以适合笼身为宜。该范例适合长320毫米、宽260毫米、高385毫米的鸟笼。

2 切割方法为先用切割刀划出凹槽。

3 沿步骤2中划出的凹槽按压即可折断。

4 做出直角，利用书立等工具以胶带固定。

5 用亚克力专用黏合剂粘贴固定好的直角，静置至黏合剂充分干燥。

6 将亚克力方材作为加固材料以亚克力专用黏合剂粘贴在亚克力板与亚克力板的连接处。

7 使用亚克力用钻头在顶棚处轻轻打孔。使用垫板可防止亚克力板开裂。

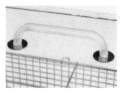

8 打磨好毛边之后，用锅头螺钉及大垫圈安装把手。

# 改善鸟笼大作战

曾有养鸟的朋友跟我说："我想让这孩子的笼子更舒适些。"今天我将详细介绍如何改善鸟笼中的环境。

白文鸟"小盆"总是落在笼子前面的网线上。尽管鸟笼自带的栖木近在眼前，它也视而不见。连接在笼门上的栖木容易堆积粪便，饲料盒也容易沉积污垢。

鸟儿的主人希望继续将草窝作为鸟儿就寝的空间，同时为鸟儿提供一个"可以在栖木上悠闲生活的环境"。为此我们对鸟笼进行了改造。

## 栖木的布局与木材的种类

首先，文鸟是以跳行（前跳）动作进行移动的，因此我们选择了分叉栖木。此外，将饲料盒安装在了鸟笼下方的角落里。饲料盒上方并未安装栖木。

鸟笼内分为上下2层，栖木之间的空间可供鸟儿跳行移动及上下飞行。以2根榉木分叉栖木为主体，左侧内部还有1根纵向栖木。鸟笼后方下侧安装了1根自带的长栖木以达到加固效果。另外，将鸟笼自带的T形栖木作为休憩空间，

此前使用的鸟笼中，鸟儿可栖息于侧面网线、草窝及秋千。

因为鸟儿总是落在前面的网线上，因此栖木及饲料盒上方堆积了粪便。

将其安装至左侧上部。如此一来，在使用人工栖木的同时使用了天然木材，增加了多样性。

我们考虑在鸟笼后面安装壁挂式装置，因此左侧内部的纵向栖木选用了可移动的安装方式，鸟儿也不能飞至螺丝后方。正面下侧的分叉栖木可通往饲料盒。此外，保证鸟儿在笼内空间可自由活动。

## 饲料盒的安装方法

决定饲料盒位置时需考虑鸟儿取食及主人管理是否方便。在这一文鸟鸟笼案例中，主人可通过右侧的喂食用笼门投放饲料。

决定好饲料盒位置后可以对栖木的位置进行适当调整。

我们重新购买了鸟笼，选择了"HOEI舒适型35"。为了使其方便文鸟跳行，我们安装了多根两杈天然木作为栖木。

安装时使栖木与饲料盒错开位置。之后鸟儿应该可以在栖木上悠闲地休憩了吧。

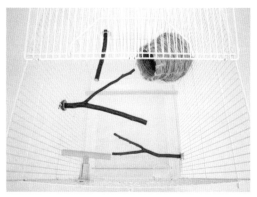

# 有关ＴＳＵＢＡＳＡ的二三事

非营利组织TSUBASA是埼玉县新座市的宠物鸟保护机构。TSUBASA致力于保护那些由于各种原因无法与主人继续一起生活的鸟儿，并为它们继续寻找领养人。我家的爱鸟——虎皮鹦鹉年糕也来自TSUBASA。

机构内常年生活着100只以上的鸟儿，由少数几位工作人员及众多志愿者经营。TSUBASA以"追求人、鸟、社会的幸福"为基本理念，为提高爱鸟人士的饲养知识储备还经常举行学习会。笔者在本书的写作过程中也运用了在讲义中学习到的内容。

TSUBASA的一楼有一间名为"爱鸟专栏"的房间。若要使用该房间需注册会员（年龄1岁以上，每年需进行健康体检1次以上，衣原体检测需呈阴性），之后爱鸟人士便可利用。

以鸟儿为中心，从安全方面、卫生方面进行多方考虑的爱鸟专栏致力于鸟儿的社会化训练以及与其他鸟儿的接触。无论对于爱鸟人士来说，还是对于养鸟人士来说，这里都是一个非常有意义的地方。

另外，我是一名专业志愿者，参与了机构建设、栖木搭建、"心心相印爱鸟课堂"的筹备以及大型活动的组织等工作。

TSUBASA的外观。1楼窗外的空间可供鸟儿进行日光浴。

机构开放日等详细信息请浏览以下网页。
http://www.tsubasa.ne.jp

在机构中生活的鸟儿们可以在宽阔的庭院内自由飞翔。一般在开放日的时候，工作人员会为大家提供鸟儿的相关信息。

工作人员及志愿者常年维持着机构内的整洁。

这是举办"与鸟儿相遇"活动——俗称"领养会"时的场景。是一个让机构中生活的鸟儿们与新主人见面的活动。

为了提升爱鸟人士的知识储备还会定期举行演讲活动。

"爱鸟节"之际举行的"心心相印爱鸟课堂"盛况空前。我也参与了筹备工作。

# 后 记

手工看似简单，然而绝非易事，其重点在于如何将我们空洞的想法具体化。事实上，在实际操作过程中我们需要各种各样的选择、考虑、心思、创意。而且使用这些成果的并非我们人类，而是鸟儿。它们为了在天空中翱翔，全身长满了羽毛，与我们的行为方式也大相径庭。我认为在日常生活主人多花费一些心思对于鸟儿来说是十分有必要的。

然而，人的生活不可能完全与鸟儿合拍，所以最重要的是如何将人与鸟的生活有机结合起来。若能为爱鸟提供一个安全、舒适的环境便可为主人们稍稍减轻一些负担。主人放松的状态也一定可以影响爱鸟。如果本书中介绍的一些小技巧能让大家与爱鸟共同享受到更多惬意的时光，那么笔者将不胜荣幸。

如今关于鸟类饲养的信息鱼龙混杂，传统饲养方式与最新的饲养方法并存。在这些混乱的信息中，养鸟人士需要正确分辨出哪些是对自己和爱鸟有益的信息，以及究竟哪些做法才是正确的。我们要及时接收新的信息并不断进行学习。

刚和皮皮一起生活时曾有一位精通饲养知识的人士指点我说："如果你是皮皮的话，你想要一个什么样的生活环境呢？你应该试着用这样的角度来思考问

题。"这句话对我和皮皮的生活产生了巨大的影响。我为皮皮准备了对一只鸟来说稍显奢侈的宽敞的鸟笼、美味的食物、充足的空间。生活在这样一个环境中的它也给了我各种各样的启发。虽然我只为它提供了养鸟过程中最基本的关怀与照料，但皮皮却独自茁壮成长着。事实上可以说是它教会了我更多。

与我们共同生活的鸟儿们有着丰富的情感及自我表现能力。喜爱鸟儿并非一厢情愿的事情，也并非我们单向的欣赏。如果我们将它们当作伙伴，站在平等的立场上与其相处，那么它们也会更加依赖我们。

在此我将为大家介绍爱鸟人士必须要知道的"鸟类饲养人士十戒"（以鸟儿的视角）。

"鸟类饲养人士十戒"是2001年由TSUBASA代表松本壮志先生在美国Gabriel财团研讨会上委托美国著名鸟类专家Jane Hallander编写而成，希望为鸟类专家及爱鸟人士所用。在编写本书之际我获得许可并转载如下。

## 鸟类饲养人士十戒
（以鸟儿的视角）

1. 我只能存活10年或者更久一点。与主人生离死别是一件很痛苦的事情。带我回家之前请一定提前做好思想准备。

2. 请给我时间让我来理解您的指令。

3. 请信任我。这与我的幸福密切相关。

4. 请不要一直生我的气。也不要以关禁闭的方式来惩罚我。您有工作和娱乐活动，也有朋友。而我只有您。

5. 请经常和我聊聊天。即便我不能理解您的语言，但只要经常与我说话，我就能记住您的声音。

6. 无论您如何对待我，我都不会忘记。

7. 在打我之前请记住我是有喙的，可以轻而易举地啄伤您。但是我不会这样做。

8. 在责备我不配合、固执、散漫之前请先思考一下这是什么原因造成的。或许是食物不合适，抑或是在鸟笼的时间过长。

9. 在我衰老之后请继续照顾我。谁都有衰老的一天。

10. 在我临终之际，请一定陪在我身边。不要说"不忍心"，也不要说"我想自己一个人"。只要您在我身边，我就不会害怕。因为我是如此爱您。

鸟类饲养人士十戒（以鸟儿的视角）

—— Jane Hallander

翻译：Pumama Dreambird、奥村仁美

（转载自非营利组织TSUBASA官网）

这"十戒"中的字字句句已经成为我们爱鸟人士的精神食粮，它在将"饲养动物要有爱心与责任，并守护动物终生"这一基本理念传达给我们的同时，还教会了我们饲主应该如何与自己的爱鸟相处，也告诉了我们鸟儿对饲主的爱有多么深厚。

请与自己的爱鸟朝夕相处的饲主们以及想在不久的将来饲养鸟儿的朋友务必认真阅读。

最后我想表达的是能编写此书是本人无上的光荣。幸得各界人士的建议与帮助，本书才初具雏形。另外，希望阅读本书的爱鸟人士可以与自己的爱鸟一起安稳、愉快地生活下去。衷心感谢大家能读到这里。

向我的爱鸟皮皮表达最真挚的谢意
武田毅

**图书在版编目（CIP）数据**

观赏鸟的生活用品制作手册/（日）武田毅著；杨晓琳译. —武汉：华中科技大学
出版社，2020.6
ISBN 978-7-5680-6092-9

Ⅰ.①观… Ⅱ.①武… ②杨… Ⅲ.①鸟类-日用品-制作-手册 Ⅳ.①S865.3-62

中国版本图书馆CIP数据核字（2020）第059806号

AICHO NO TAME NO TEZUKURI SHIIKU GOODS
© TAKESHI TAKEDA 2018
Originally published in Japan in 2018 by Seibundo Shinkosha Publishing Co.,Ltd.
Chinese (Simplified Character only) translation rights arranged with
Seibundo Shinkosha Publishing Co.,Ltd. through TOHAN CORPORATION, TOKYO.

本作品简体中文版由日本株式会社诚文堂新光社授权华中科技大学出版社有限责任
公司在中华人民共和国境内（但不含香港、澳门和台湾地区）出版、发行。

湖北省版权局著作权合同登记　图字：17-2020-043号

## 观赏鸟的
## 生活用品制作手册
Guanshang Niao de Shenghuo Yongpin Zhizuo Shouce

［日］武田毅 著
杨晓琳 译

出版发行：华中科技大学出版社（中国·武汉）　　电话：(027) 81321913
　　　　　北京有书至美文化传媒有限公司　　　　　　　(010) 67326910-6023
出 版 人：阮海洪

责任编辑：莽　昱　刘　韬
责任监印：徐　露　郑红红　　封面设计：邱　宏

制　　作：北京博逸文化传播有限公司
印　　刷：艺堂印刷（天津）有限公司
开　　本：889mm×1194mm　　1/32
印　　张：4
字　　数：46千字
版　　次：2020年6月第1版第1次印刷
定　　价：59.90元